Helmut Budzier
Radiometrische Kalibrierung ungekühlter Infrarot-Kameras

TUDpress

DRESDNER BEITRÄGE ZUR SENSORIK

Herausgegeben von

Gerald Gerlach

Band 51

Helmut Budzier

Radiometrische Kalibrierung ungekühlter Infrarot-Kameras

TUDpress

2014

Die vorliegende Arbeit wurde am 16. April 2013 als Habilitation an der Fakultät Elektrotechnik und Informationstechnik der Technischen Universität eingereicht und am 20. Dezember 2013 erfolgreich verteidigt.

Vorsitzender der Habilitationskommission:	Prof. Dr.-Ing. habil. K.-J. Wolter
Gutachter:	Prof. Dr.-Ing. habil. G. Gerlach
	Prof. Dr.-Ing. habil. U. Hampel
	Prof. Dr.-Ing. habil. M. Vollmer

Bibliografische Information der Deutschen Nationalbibliothek
Die Deutsche Nationalbibliothek verzeichnet diese Publikation in der Deutschen Nationalbibliografie; detaillierte bibliografische Daten sind im Internet über http://dnb.d-nb.de abrufbar.

Bibliographic information published by the Deutsche Nationalbibliothek
The Deutsche Nationalbibliothek lists this publication in the Deutsche Nationalbibliografie; detailed bibliographic data are available in the Internet at http://dnb.d-nb.de.

ISBN 978-3-944331-45-4

Verlag der Wissenschaften GmbH
Bergstr. 70 | D-01069 Dresden
Tel.: 0351/47 96 97 20 | Fax: 0351/47 96 08 19
http://www.tudpress.de

Gesetzt vom Autor.
Printed in Germany.

Vorwort des Herausgebers

In den letzten Jahrzehnten haben Wärmebildkameras auf der Basis von Mikrobolometerarrays in der Infrarotmesstechnik eine erstaunliche Entwicklung erfahren. Vor allem durch die Fortschritte in der Mikroelektronik und Mikrosystemtechnik sind thermische Infrarot-Kameras so preiswert und leistungsfähig geworden, dass sie Einzug in immer neue Anwendungsbereiche halten. In den meisten Fällen werden sie dabei allerdings nach wie vor als Wärmebildgeräte verwendet. Für eine Reihe von Anwendungsfällen ist es neuerdings aber auch wünschenswert, dass die Kameras „richtige“ Temperaturverteilungen messen können. Die Anforderungen hier sind erheblich größer als bei einfachen Wärmebildanwendungen, da die großen Messabweichungen nicht mehr tolerierbar sind, die z.B. durch Fertigungsstreuungen, die Abhängigkeit der Abbildung des Temperaturbildes von der Pixellage im Sensorarray und die Erwärmung von Kamera und Sensorarray entstehen. Die Anforderungen verstärken sich noch dadurch, dass man aus Gründen der Einfachheit des Systems auf die Thermostatierung des Sensorarrays verzichten möchte.

Die vorliegende Arbeit widmet sich nun der Frage, wie man durch pixelweise Signalverarbeitung die Messabweichungen erheblich verringern kann, ohne dass der Aufwand dafür ein technisch vertretbares Maß übersteigt. Dies ist eine komplexe Fragestellung, die Probleme der Messtechnik thermischer IR-Sensoren, der Signalverarbeitung, der Bildverarbeitung und der technischen Umsetzung einschließt. Bisher gibt es keine zusammenhängende Arbeit, die diese Fragestellung in der gesamten Breite betrachtet hat.

Aus diesem Grund ist diese Arbeit nicht nur wissenschaftlich interessant, sondern auch technisch bedeutsam. Ich wünsche ihr deshalb die ihr gebührende Aufmerksamkeit.

Dresden im Januar 2014 Gerald Gerlach

Inhaltsverzeichnis

0. Vorwort 9

Teil I Grundlagen 11

1. Einführung 12
   - 1.1. Motivation und Ziele der Arbeit 12
   - 1.2. Verwendete Notation 15
   - 1.3. Getroffene Vereinbarungen 17
2. Aufbau und Funktionsweise ungekühlter IR-Kameras 18
   - 2.1. Stand der Technik und Entwicklungstrends 18
   - 2.2 Systemübersicht 22
   - 2.3. Mikrobolometerarrays 24
   - 2.4. IR-Optik 29
3. Radiometrisches Kameramodell 33
   - 3.1. Kenngrößen 33
     - 3.1.1. Strahlungsgrößen 33
     - 3.1.2. Spannungsempfindlichkeit 36
     - 3.1.3. Signalübertragungsfunktion 36
     - 3.1.4. Temperaturempfindlichkeit 36
     - 3.1.5. Rauschäquivalente Temperaturdifferenz 37
     - 3.1.6. Strahlungsbegrenzte Temperaturauflösung 38
     - 3.1.7. Inhomogenitätsäquivalente Temperaturdifferenz 39
     - 3.1.8. Kontrastumfang und Dynamikbereich 39
     - 3.1.9. Linearität 41
   - 3.2. Kameramodell mit temperaturstabilisiertem Mikrobolometerarray 43
   - 3.3. Kameramodell ohne temperaturstabilisiertes Mikrobolometerarray 47
4. Geräte- und Messtechnik 49
   - 4.1. Messverfahren 49
     - 4.1.1 Messung der Grauwerte 49
     - 4.1.2 Schwarze Strahler 54
   - 4.2. Messeinrichtungen 60
     - 4.2.1. Sensormessplatz 60
     - 4.2.2. Optischer Messplatz 61
     - 4.2.3. Temperaturschrankmessplatz 62

4.2.4. Software ... 64
4.3. IR-Kamera ... 65

Teil II Radiometrische Kalibrierung ... 69
5. Grundlegender Ablauf der radiometrischen Kalibrierung ... 70
6. Bestimmung des Arbeitspunktes der Pixel ... 75
7. Korrektur der Ungleichförmigkeit ... 80
7.1 Abgleich der Kennlinie ... 80
7.1.1 Abgleich der Kennlinien bei konstanter Sensortemperatur ... 80
7.1.2 Korrigierbarkeit ... 84
7.1.3. Beispiel für eine Zweipunktkorrektur ... 87
7.2. Temperaturabhängige Korrektur der Kennlinie bei TEC-losen Arrays ... 93
7.2.1. Korrektur der Empfindlichkeitstemperaturabhängigkeit ... 93
7.2.2. Korrektur der Offsettemperaturabhängigkeit ... 94
7.2.3. Beispiel der temperaturabhängigen Kennlinienkorrektur ... 97
8. Korrektur defekter Pixel ... 103
8.1. Definition und Zulässigkeit defekter Pixel ... 103
8. 2. Methoden zur Defektpixelkorrektur ... 106
9. Umgebungstemperaturkorrektur ... 108
9.1. Temperaturabhängigkeit der Strahldichte des Kamerainnenraumes ... 108
9.2. Bestimmung der Shutterkennlinie ... 109
10. Radiometrischer Abgleich ... 113
10.1. Spannungs-Temperatur-Kennlinie ... 113
10.2. Kennlinienbestimmung ... 118
11. Zusammenfassung ... 120
11.1. Kalibrierprozess ... 120
11.2. Gesamtmessabweichung ... 123
11.3. Ausblick ... 125
12. Literaturverzeichnis ... 128
13. Formelzeichen, Indizes und Abkürzungen ... 132
Anhang A1. Ausgleichsrechnung ... 136
A1.1. Einfache lineare Regression ... 136
A1.2. Bivariate lineare Regression ... 141

0. Vorwort

Die vorliegende Arbeit entstand während meiner Tätigkeit als wissenschaftlicher Mitarbeiter am Institut für Festkörperelektronik der Technischen Universität Dresden. Sie fasst die Ergebnisse meiner Arbeit der letzten 10 Jahre auf dem Gebiet der Entwicklung, Charakterisierung und Kalibrierung von ungekühlten Infrarot-(IR-)Kameras auf der Basis von Mikrobolometerarrays zusammen.

Ohne die Hilfe und Unterstützung meiner Kollegen und den guten Arbeitsbedingungen am Institut für Festkörperelektronik wäre die Arbeit nicht zustande gekommen.

Mein besonderer Dank gilt Herrn Prof. Dr.-Ing. habil. Gerlach für seine wohlwollende Unterstützung sowie seine wertvollen Hinweise zur Entstehung der Habilitationsschrift.

Besonders möchte ich mich auch bei meinem Kollegen Herrn Dipl.-Ing. Volker Krause für die jahrelange ausgezeichnete Zusammenarbeit bedanken. Er hat an der in dieser Arbeit beschriebenen Mess- und Gerätetechnik wesentlich mitgewirkt. Seine wichtigen Hinweise zum Manuskript trugen sehr zum Gelingen der Arbeit bei.

Weiterhin gilt mein Dank Herrn Prof. Günter Hofmann und den Kollegen der DIAS Infrared GmbH Dresden. Die zahlreichen gemeinsamen Projekte lieferten die materielle Basis zu den beschriebenen Forschungsergebnissen.

Außerdem möchte ich mich bei meiner Lebensgefährtin Frau Dipl.-Ing. Ilonka Pfahl für das große Interesse und die freundliche Unterstützung an meiner Arbeit bedanken. Ohne sie wäre diese Arbeit nicht möglich gewesen.

Dresden, Dezember 2013 Helmut Budzier

Teil I Grundlagen

1. Einführung

1.1. Motivation und Ziele der Arbeit

In den letzten Jahren hat sich die Thermographie mit jährlichen Wachstumsraten von über 20 % ungewöhnlich stark entwickelt /1.1/. Dieser Trend wird zukünftig noch an Dynamik gewinnen. Die Grundlage des großen Markterfolges sind Infrarot-(IR-)Bildsensoren auf der Basis von Mikrobolometerarrays, da diese eine hervorragende thermische und räumliche Auflösung bei einer geringen Leistungsaufnahme, es ist keine Kühlung erforderlich, und geringen Kosten besitzen.

Vor allem durch die stürmische Entwicklung der Mikro- und Nanotechnologie wurden und werden Mikrobolometerarrays immer leistungsfähiger und deutlich preiswerter. Waren Anfang 2000 noch Bildgrößen bis 320 x 240 Pixeln das Maximum, sind jetzt (2013) Sensorarrays mit 1024 x 768 Pixeln verfügbar. Bereits angekündigt sind IR-Bildsensoren mit voller HDTV-Auflösung /1.2/. Der Entwicklungstrend geht dabei zu immer kleineren Pixelrastern (< 17 µm), zu geringerer Verlustleistung und zu kompakten Keramikgehäusen. War bis vor einigen Jahren noch die Stabilisierung der Sensortemperatur erforderlich, so kommen aktuelle Arrays ohne diese aus. Gerade der Betrieb von Mikrobolometern ohne Temperaturstabilisierung erlaubt kleine, energieeffiziente Kamerasysteme.

Beim Einsatz von Mikrobolometerarrays in IR-Kameras spricht man gemeinhin von ungekühlten IR-Kameras. Im Gegensatz dazu versteht man unter gekühlten IR-Kameras Systeme mit Photonensensoren, da diese z.B. auf -196 °C gekühlt werden müssen. In Tabelle 1.1.1. werden beide IR-Kameraarten gegenübergestellt. Die Systemeigenschaften werden im Wesentlichen durch die eingesetzten Sensoren bestimmt. Erst der Einsatz von ungekühlten Mikrobolometern erlaubte das oben erwähnte außerordentliche Wachstum der Thermographie.

Tabelle 1.1.1: Vergleich von gekühlten und ungekühlten IR-Kameras.

Kameraart	Gekühlte IR-Kameras	Ungekühlte IR-Kameras
Sensoren	Photonensensoren: Photowiderstände, Dioden, quantenmechanische Sensoren	Thermische Sensoren: Mikrobolometer Selten: pyroelektrisch, thermoelektrisch
Temperaturauflösung	Sehr hoch (< 10 mK) auch multispektral	Gut (> 30 mK) wellenlängenunabhängig
Zeitkonstante	Einige µs	Einige ms
Pixelanzahl	Sehr groß	Mittel
Kühlung	Aufwändig	Keine
Langzeitstabilität	Begrenzt	Hervorragend
Kosten	Sehr hoch	Niedrig

Eine ungekühlte IR-Kamera besteht aus folgenden Hauptbaugruppen:

- IR-Optik,
- Sensorarray,
- prozessorbasierte Kameraelektronik.

Neben diesen Baugruppen ist für die Qualität einer IR-Kamera vor allem die Kalibrierung entscheidend. Die Kalibrierung kann sowohl in der Hardware als auch in der Software (Firmware) implementiert sein. Für die zwei Gerätekonzepte

- Sichtgeräte und
- temperaturmessende Bildgeräte

existieren unterschiedliche Kalibrierkonzepte.

Sichtgeräte zeigen „nur“ die gemessene Strahlungsverteilung der Szene an. Sie dienen vor allem als Nachtsichtgerät. Diese Geräteklasse wird in sehr großen Stückzahlen gefertigt. Ihre Einsatzgebiete sind militärische Anwendungen, die Sicherheitstechnik und zunehmend die Automobiltechnik (Nachtfahrhilfe). Ziel der Kalibrierung ist dabei ein optisch möglichst fehlerfreies Bild. Man spricht hier in der Regel vom „Glattziehen“.

Temperaturmessende IR-Kameras zeigen für jedes Pixel auch einen Temperaturwert an. Hier muss nach dem Glattziehen noch eine radiometrische Kalibrierung erfolgen. Praktisch stellt jedes Pixel einer IR-Kamera ein Pyrometer dar. Das Hauptproblem ist dabei, dass Mikrobolometer gleichlichtempfindlich sind und daher die Kalibrierparameter sowohl von der Umgebungstemperatur als auch der Kameratemperatur abhängen.

Die vorliegende Arbeit beschreibt nun den Kalibrierprozess von temperaturmessenden ungekühlten IR-Kameras auf der Basis von Mikrobolometerarrays. Ziele der Arbeit sind dabei eine komplette Beschreibung der Kalibrierung von IR-Kameras mit bzw. ohne temperaturstabilisierten Mikrobolometerarrays und der dafür erforderlichen Geräte- und Messtechnik. Die Kalibrierung von temperaturstabilisierten Systemen ist in der Literatur bereits ausführlich diskutiert worden. Dabei werden allerdings immer nur Einzelaspekte untersucht. Grundlegende Artikel sind z.B. in /1.3/ und /1.4/ zu finden. Für IR-Kameras ohne Temperaturstabilisierung des Sensors sind bisher keine umfassende Veröffentlichungen bekannt. Diese Lücke soll nun mit dieser Arbeit geschlossen werden.

Entsprechend der Zielstellung ist die Arbeit folgendermaßen gegliedert: Ausgehend vom Stand der Technik werden im Abschnitt 2 Entwicklungstrends der Mikrobolometerarrays vorgestellt. Anschließend wird eine Systemübersicht dargestellt und der Aufbau und die Funktionsweise von Mikrobolometerarrays beschrieben. In Abschnitt 3 werden die erforderlichen Kenngrößen, wie z.B. die *NETD*, und theoretische Kameramodelle zur Berechnung der Signale der einzelnen Pixel vorgestellt. Die Art und Weise der Kalibrierung hängt auch von der zur Verfügung stehenden Messtechnik ab. Die verwendete Messtechnik wird im Abschnitt 4 beschrieben. Die Abschnitte 5 bis 10 beschreiben die Kalibrierung. Nach dem Einstellen des Arbeitspunktes (Abschnitt 6) wird die Ungleichförmigkeit mittels Zweipunktkorrektur beseitigt (Abschnitt 7). Hierbei muss zwischen temperaturstabilisierten und nicht stabilisierten Sensorarrays unterschieden werden. Dann werden alle defekten Pixel eliminiert (Abschnitt 8) und die Abhängigkeit von der Umgebungstemperatur korrigiert (Abschnitt 9). Abschließend erfolgt die Temperaturanbindung der Kennlinie (Abschnitt 10).

Die materielle Grundlage der Arbeiten bildeten verschiedene Verbundprojekte mit Industriepartnern. Besonders hervorzuheben ist die hervorragende Zusammenarbeit mit der Firma DIAS Infrared GmbH Dresden, die zum Teil sehr kostenintensive Geräte und Bauteile, wie z.B. IR-Optiken sowie elektrische und mechanische Kamerakomponenten, zur Verfügung stellte und die erzielten Ergebnisse erfolgreich nutzt.

1.2. Verwendete Notation

Zur Beschreibung von IR-Bildern werden physikalische Größen in verschiedenen Dimensionen benötigt:

- eindimensional: zeitliche Verläufe einzelner Pixel, gekennzeichnet mit einem Index, z.B. k,
- zweidimensional: IR-Bilder, gekennzeichnet mit Doppelindex, z.B. mn,
- dreidimensional: Folgen von IR-Bildern, gekennzeichnet mit Dreifachindex, z.B. mn,k.

Die Nummerierung der Pixel erfolgt von links oben nach rechts unten (Bild 1.2.1):

- a_{mn} beschreibt das n-te Pixel der Zeile m, wobei n die Spaltennummer ist.
- Die Spaltennummern n laufen von 1 bis N.
- Die Zeilennummer m wird von 1 bis M gezählt.

Diese Zählweise entspricht der des Programms MATLAB, mit dem die meisten Berechnungen durchgeführt wurden. C und C++ -Programme zählen ab 0, was bei einem Datenaustausch zu beachten ist.

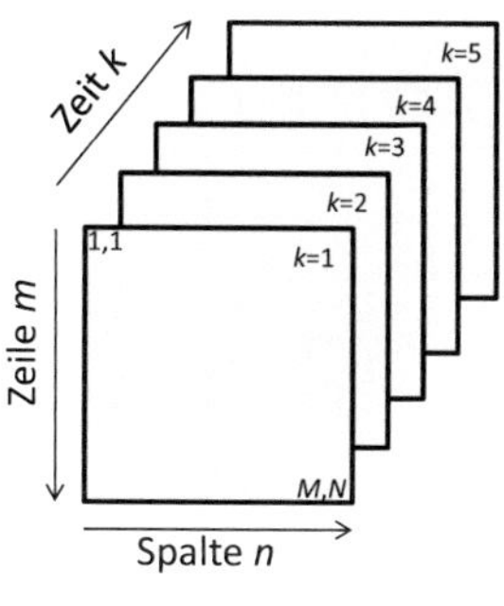

Bild 1.2.1: Koordinatensystem für Bildfolgen.

Eine Matrix **A** hat also $M \cdot N$ Pixel und repräsentiert ein Bild:

$$\mathbf{A} = \begin{pmatrix} a_{11} & \cdots & a_{1N} \\ \vdots & \ddots & \vdots \\ a_{M1} & \cdots & a_{MN} \end{pmatrix}. \qquad (1.2.1)$$

Wird eine Bildfolge **B** betrachtet, läuft der Zählparameter k von 1 bis K:

$$\mathbf{B} = \sum_{k=1}^{K} \mathbf{A}_k \,. \qquad (1.2.2)$$

Der Wert des Pixels mn im Bild k zum Zeitpunkt t_k ist dann $a_{mn,k}$. Der Mittelwert im Ortsbereich, d.h. der Mittelwert über alle Pixel eines Bildes, ist:

$$\langle a_{mn} \rangle = \frac{1}{MN} \sum_{n=1}^{N} \sum_{m=1}^{M} a_{ij} \,. \tag{1.2.3}$$

Für den zeitlichen Mittelwert eines Pixel gilt:

$$\overline{a_{mn}} = \frac{1}{K} \sum_{k=1}^{K} a_{mn,k} \,. \tag{1.2.4}$$

Bei der Standardabweichung muss auch wieder zwischen räumlicher (örtlicher) und zeitlicher Standardabweichung unterschieden werden:

- örtliche Standardabweichung (Standardabweichung innerhalb eines Bildes):

  $$\sigma_A = \sqrt{\frac{1}{MN-1} \sum_{n=1}^{N} \sum_{m=1}^{M} (a_{mn} - \langle a_{mn} \rangle)^2} \,, \tag{1.2.5}$$

- zeitliche Standardabweichung eines Pixels (Effektivwert)

  $$\sigma_{mn} = \sqrt{\frac{1}{K-1} \sum_{k=1}^{K} (a_{mn,k} - \overline{a_{mn}})^2} \,. \tag{1.2.6}$$

Die Angabe der Werte von Pixeln erfolgt entweder durch

- Grauwerte U_D (einheitenloser Zählwert) als Anzahl der digitalen Stufen des Analog-Digital-Umsetzers (ADU) bzw. von LSBs (Least Significant Bit: niedrigstwertiges Bit),
- Spannungswerte U, meist in mV oder µV,
- den Effektivwert der Rauschspannung U_R in µV,
- den Effektivwert als Rauschwert U_{DR} (einheitenloser Zählwert), berechnet aus den Grauwerten oder
- Temperaturen ϑ in °C.

1.3. Getroffene Vereinbarungen

Um den Rahmen der Arbeit nicht zu sprengen, beschränkt sich die Arbeit auf folgende Untersuchungsobjekte, Eigenschaften und Ziele:

a) Es werden ausschließlich ungekühlte IR-Kameras untersucht, die als IR-Sensor Mikrobolometerarrays als IRFPA (Infrared Focal Plane Array) einsetzen.
b) Es wird stets im fernen Infrarotbereich (FIR) von 8 µm bis ca. 14 µm Wellenlänge gearbeitet.
c) Die eingesetzten kommerziellen Mikrobolometerarrays verhalten sich linear bezüglich der Intensität der Strahlung und der Arbeitspunktverschiebung. Nichtlineare Korrekturverfahren werden deshalb nicht vorgestellt. Das ist keine wirkliche Einschränkung, da heutige Sensoren in der Regel eine sehr gute Linearität aufweisen.
d) Ziel ist es, radiometrische, d.h. temperaturmessende Systeme zu kalibrieren. Es werden keine IR-Sichtgeräte oder Nachtsichtgeräte untersucht. Hier werden zum Teil andere Korrekturverfahren, wie z.B. szenenbasierte Korrekturen, eingesetzt. Diese statistischen Korrekturverfahren setzen ständig wechselnde Szenen voraus. Das ist aber bei der Temperaturmessung meist nicht der Fall. Die temperaturmessende Kamera sieht dort sehr lange (oder bei einem stationären System immer) auf die gleiche Szene /1.5/, /1.6/, /1.7/.
e) Die IR-Optik ist ein wesentlicher Bestandteil des Signalweges. Abbildungsfehler (Verzeichnungen) werden allerdings nicht berücksichtigt, da sie bei der Kalibrierung keine Rolle spielen. Die bei den Untersuchungen eingesetzten IR-Optiken sind speziell für Mikrobolometerarrays entwickelt und haben ein auf ihre Anwendung abgestimmtes Übertragungsverhalten. Die Transmission der Optik kann im interessierenden Wellenlängenbereich des FIR als konstant angesehen werden (siehe Abschnitt 2.4).

2. Aufbau und Funktionsweise ungekühlter IR-Kameras

Kommerziell verfügbare ungekühlte IR-Kameras setzen als IR-Sensorarrays fast ausschließlich Mikrobolometer ein. Die wesentlichen Systemeigenschaften, wie thermische, räumliche und zeitlichen Auflösung, werden durch das Mikrobolometerarray und die IR-Optik bestimmt. Die Konstruktion und die Elektronik entsprechen im Wesentlichen denen von visuellen Kameras und sind hinlänglich bekannt. Deshalb werden im Folgenden nur die für eine IR-Kamera spezifischen Aspekte vorgestellt.

2.1. Stand der Technik und Entwicklungstrends

Die zivile Entwicklung der Mikrobolometer begann Anfang der 90er Jahre des letzten Jahrhunderts in den USA. Zunächst wurde nur Vanadiumoxid (VOx) als Widerstandsmaterial verwendet. VOx ist bedingt gut CMOS-integrierbar, war damals aber nur mit hohem Temperaturkoeffizienten *TCR* und großem Widerstand R_{B0} herstellbar. Nachdem es gelungen war, amorphes Silizium (a-Si) mit hinreichend kleiner Leitfähigkeit (großes R_{B0}) herzustellen, entwickelte Ende der 90er Jahre die französische Firma ULIS, die aus der Firma Sofradir hervorgegangen war, Mikrobolometer auf der Basis von a-Si. Gegenwärtig produzieren eine Reihe von Firmen weltweit kommerziell verfügbare Mikrobolometerarrays:

- USA: FLIR, L-3, BAE, DRS, Raytheon (die sogenannten „Big 5“);
- Europa: ULIS (Frankreich), SCD (Israel), Fraunhofer IMS Duisburg (Deutschland; in Entwicklung);
- Japan: NEC, Mitsubishi (auf der Basis von Silizium-Dioden-Bolometern).

Die Evolution der Mikrobolometerarrays in den letzten 20 Jahren zeigt die rasante Entwicklung der Pixelzahlen und des Pixelrasters (Bild 2.1.1) sowie die deutliche Verbesserung wichtiger Parameter, wie thermische Auflösung (*NETD*), Gehäusegröße und Leistungsaufnahme (Tabelle 2.1.1). Vor allem die größere Pixelanzahl führt zu sichtbar verbesserter geometrischer Auflösung. Im Bild 2.1.2 wird dies im Vergleich zwischen einer IR-Kamera mit XGA-Auflösung (1024 x 768 Pixel) und einer IR-Kamera mit 384 x 288 Pixeln (QVGA-Auflösung) deutlich. Durch unterschiedliche Öffnungswinkel der eingesetzten Optiken sehen beide Kameras die gleiche Szene. Besonders deutlich wird der Auflösungsunterschied in den gezeigten Ausschnitten (Bild 2.1.2.c und d).

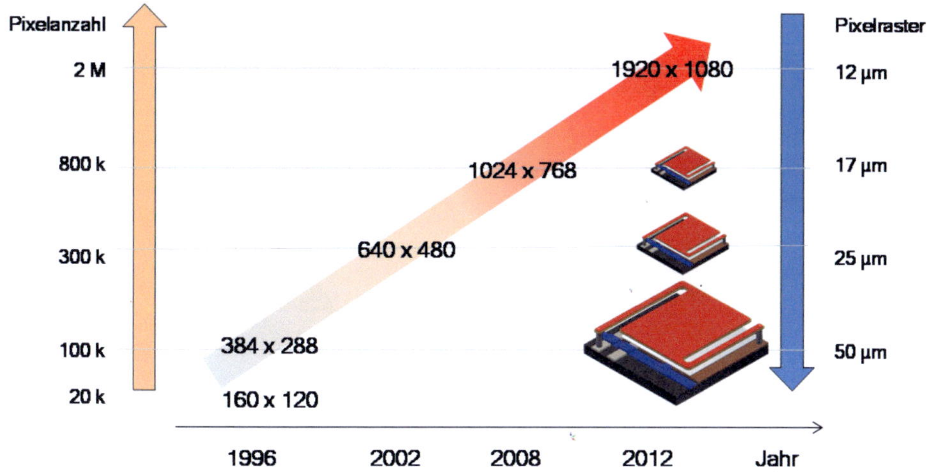

Bild 2.1.1: Entwicklung der Mikrobolometerarrays /nach 2.8/.

Tabelle 2.1.1: Evolution von Mikrobolometerarrays am Beispiel eines QVGA-Sensors (384 x 288 Pixel bzw. 320 x 240) der Firma ULIS (Frankreich).

Gehäusedesign	Metallrund	Flat-Pack	Keramik
Jahr (ca.)	2000	2005	2010

Abmaß (ohne Pins)	37.5 x 37.5 x 12.5 mm^3	32 x 23.5 x 7.7 mm^3	24.2 x 24.2 x 3.6 mm^3
Sensorfläche	17,28 x 12,96 mm^2	13,44 x 10,08 mm^2	9,6 x 7,2 mm^2
Gewicht	< 50 g	< 25 g	< 6 g
Pixelraster	45 µm	35 µm	25 µm
NETD	< 120 mK	< 100 mK	< 65 mK
Leistungs-aufnahme	< 200 mW	< 100 mW	< 60 mW
Quelle	/2.9/	/2.10/	/2.11/

Bei Mikrobolometerbaugruppen sind vier Aspekte von besonderem Interesse:

- Optik,
- Bolometerelement (Pixel, Mikrobrücken),
- Ausleseschaltkreis (Read-out Integrated Circuit ROIC) und
- Aufbau- und Verbindungstechnik (inklusive Vakuumgehäuse).

Im Folgenden werden deren aktuelle Entwicklungstrends vorgestellt.

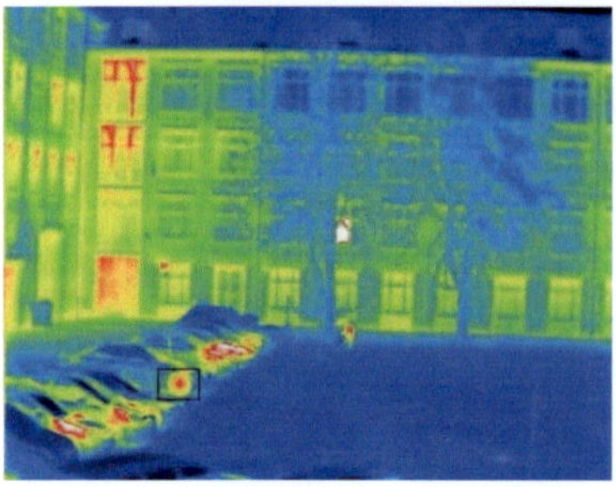

a)

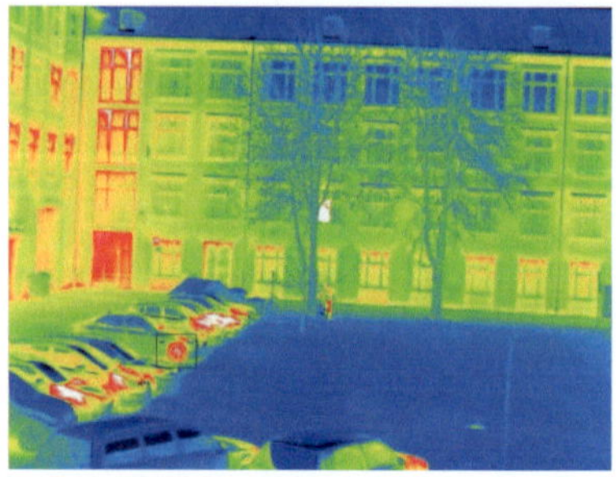

b)

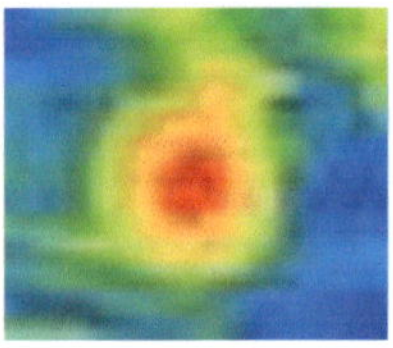

c)

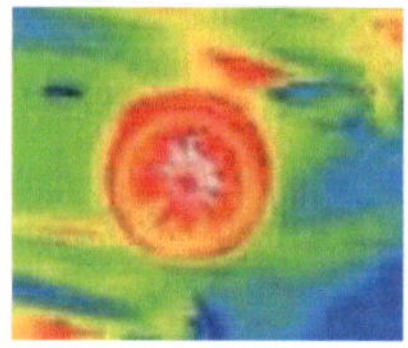

d)

Bild 2.1.2: a) Thermobild einer IR-Kamera mit 384x288 Pixeln, b) Thermobild einer hochauflösenden Kamera (1024x768 Pixel) bei gleicher Szene; c) und d) Ausschnitte aus den Bildern a) und b). Die Bildausschnitte sind in den a) und b) markiert.

Obwohl die Optik nicht unmittelbar zum Sensor gehört, bildet sie mit dem Sensorfenster eine funktionale Einheit. Beide, Optik und Sensor, bestimmen wesentlich die Kosten einer ungekühlten Wärmebildkamera. In Zukunft werden sie mehr und mehr verschmelzen. So können heute auch Linsen in das Sensorgehäuse integriert werden. Diese Linse kann entweder ein Teil der Optik oder für gering auflösende Systeme das einzige abbildende Element sein. Beispielsweise können diffraktive Optiken als Sensorfenster eingesetzt werden. Um kostengünstige Optiken produzieren zu können, muss das Bildfeld, also die Sensorfläche, möglichst klein sein. Das ist ein wichtiger Grund, das Pixelraster so klein wie möglich zu gestalten.

Um eine möglichst hohe thermische Isolation des Mikrobolometerpixels zu erhalten, muss die Mikrobolometerbrücke im Vakuum arbeiten. Das damit notwendige Vakuumgehäuse stellt einen bedeutenden Kostenfaktor dar. In den ersten Generationen der Mikrobolometerarrays befand sich der gesamte Sensor (ROIC mit Mikrobrücken und PELTIERelement zur Thermostatierung (TEC)) in einem großem Vakuumgehäuse (Metallrundgehäuse und Flat-Pack-Gehäuse; Tabelle 2.4). Eine deutliche Reduzierung der Gehäusegröße und damit natürlich der Kosten bringt die Vakuumverkappung im Scheibenverband (Wafer-level Vacuum Packaging WLP /2.12, 2.13/) in Verbindung mit einem Aufbau ohne TEC. Beim WLP wird im Scheibenverband um jedes Mikrobolometerarray ein Lötrahmen aufgebracht, auf dem dann das Sensorfenster gelötet wird. Nach dem Vereinzeln werden die Arrays in ein Gehäuse ohne Vakuum (z.B. Keramikgehäuse in Tabelle 2.4) gebondet. Es befinden sich nur die Mikrobrücken im Vakuum. Eine konsequente Weiterführung dieser Idee wird in /2.14/

vorgeschlagen: die Vakuumverkappung auf Pixelebene (Pixel-level Vacuum Packaging PLP). Beim PLP hat jedes Pixel seine eigene Vakuumkappe. Der Vorteil dieser Technologie liegt darin, dass die Pixelverkappung eine kontinuierliche Fortführung der Bolometerherstellungstechnologie im Vakuum ist und somit Kosten spart. Beide Technologien, WLP und PLP, führen die Vakuumverkappung kollektiv im Scheibenverband durch und erlauben damit eine kostengünstige Massenproduktion.

Geringere Pixelraster führen bei gleichen Pixelanzahlen zu kleineren Chipflächen und damit zu niedrigeren Kosten. Da die Temperaturauflösung proportional zur Wurzel der Pixelfläche ist (Kapitel 3.1), muss eine Verbesserung wichtiger Pixelparameter, wie die thermische Isolation zwischen Pixelfläche und Ausleseschaltkreise (ROIC), Empfindlichkeit und Rauschen, mit der Verringerung der Pixelfläche einhergehen. Neue Pixelkonstruktionen und verbesserte, neue Materialien führen sogar zu niedrigeren NETD-Werten. Enorme Fortschritte in der MEMS-Technologie erlauben komplizierte Mikrobrückenkonstruktionen mit ausgezeichneten Isolations- und Absorptionseigenschaften und höheren optischen Füllfaktoren /2.8; 2.13/. Neue Materialien, meist auf der Basis von amorphem Silizium, ergeben höhere Temperaturkoeffizienten TCR. So wird z.B. der Einsatz von amorphem Silizium-Germanium vorgeschlagen /2.15/.

Die Leistungsaufnahme der Ausleseschaltkreise (ROIC) verringerte sich in jüngster Zeit stark. Zukünftig werden weitere Funktionen, wie Analog-Digital-Umsetzer, Baugruppen zur Temperaturkompensation der Pixeloffsets und Filter, in den ROIC integriert. Vor allem die Integration von Filtern zur Begrenzung der Rauschbandbreite für jedes einzelne Pixel verspricht eine deutliche Rauschminderung /2.12; 2.20/.

Interessante Entwicklungen gibt es auch auf dem Gebiet von multispektralen IR-Arrays. Die Absorption der IR-Strahlung durch die Mikrobrücke lässt sich mit der Brückenhöhe ($\lambda/4$-Resonator) steuern. Durch den Einsatz mehrstöckiger Mikrobrücken kann gezielt sowohl eine sehr schmalbandige als auch eine breitbandige Absorption erfolgen /2.16; 2.17/. Eine weitere erfolgversprechende Entwicklung ist die Fusion eines ungekühlten Halbleiter-IR-Sensorarrays mit einem Mikrobolometerarray /2.8/. In diesem Beispiel wurde ein InGaAs-Array, das im Wellenlängenbereich von 0,4 bis 1,6 µm arbeitet, mit einem Mikrobolometerarray (Wellenlängenbereich 7 bis 14 µm) auf einem ROIC integriert und zwar so, dass abwechselnd eine Fotodiode und ein Mikrobolometerpixel angeordnet sind. Das erlaubt kostengünstige und sehr kleine multispektrale IR-Bildgeräte mit übereinstimmenden Messfeldern.

2.2 Systemübersicht

Wärmebildkameras sind bildgebende Systeme, die in erster Näherung die Temperaturverteilung einer Szene in einem zweidimensionalen visuellen Bild darstellen /2.1/. Dazu wird die Strahldichteverteilung der Szene mit einer Optik auf einen IR-Sensor, in unserem Fall ein Mikrobolometer, projiziert. Aus der Strahldichte wird dann die Temperatur berechnet und farblich kodiert angezeigt (Falschfarbenbild). Das Ausgangssignal des Mikrobolometers und damit auch das der Kamera sind direkt proportional zum Strahlungsfluss und nicht zur Temperatur. Deshalb werden alle notwendigen Signalverarbeitungsschritte immer mit Strahlungswerten durchgeführt. Die Umrechnung in Temperaturwerte erfolgt ausschließlich zur Anzeige.

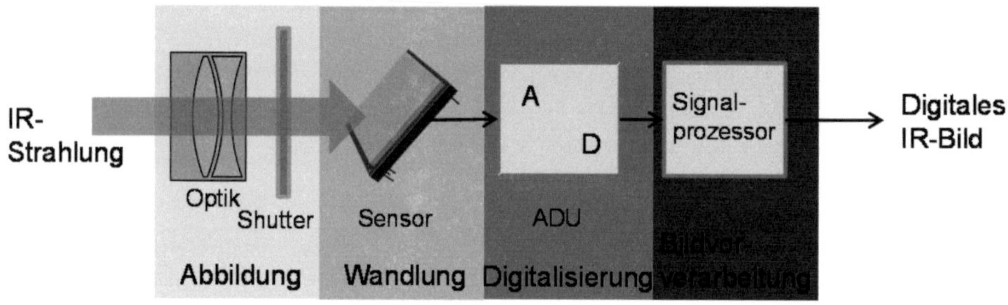

Bild 2.2.1: Signalfluss einer IR-Kamera.

Die notwendigen Schritte der Signalverarbeitung einer IR-Kamera zeigt Bild 2.2.1:

- Abbildung: Eine Optik projiziert die Strahldichteverteilung einer Szene auf den Sensor. Zum Einsatz kommen korrigierte IR-Optiken (Achromat), meist aus Germanium. Außerdem wird zur Online-Kalibrierung ein optischer Verschluss (Shutter) benötigt.
- Wandlung: Der Sensor wandelt den einfallenden Strahlungsfluss in ein elektrisches Signal. In ungekühlten Kameras kommen fast ausschließlich Mikrobolometerarrays zum Einsatz.
- Digitalisierung: Mit einem Analog-Digital-Umsetzer (ADU) wird das analoge Ausgangssignal des Sensors in ein digitales Signal (Rohbild) gewandelt. Die Quantisierung erfolgt dabei mit 14...16 Bit Breite.
- Bildvorverarbeitung: Die erforderlichen Bildkorrekturen zur Verrechnung physikalischer Gesetzmäßigkeiten und Störgrößen werden in einem Signal- oder Bildprozessor durchgeführt.

Kommerzielle IR-Kameras integrieren neben den Funktionsgruppen im Bild 2.2.1 weitere anwendungsspezifische Einheiten. Dazu gehören z.B.

- Algorithmen der Bildverarbeitung: Bildverbesserung, Filter usw.,
- Anzeigeeinheiten: LCD-Schirme,
- Signalübertragungseinheiten: Ethernet, USB usw.,
- Speicherbaugruppen: Festplatten, Flashspeicher usw.,

- Dokumentationsmodule: visuelle Kamera, Sprachaufzeichnung.

Bild 2.2.2 zeigt eine kommerzielle IR-Kamera im Camcorder-Format und eine IR-Kamera für den industriellen Einsatz (ohne Bedienfunktionen).

Im Folgenden werden die für die Kalibrierung relevanten Baugruppen Mikrobolometer (Abschnitt 2.3) und IR-Optik (Abschnitt 2.4) ausführlich vorgestellt.

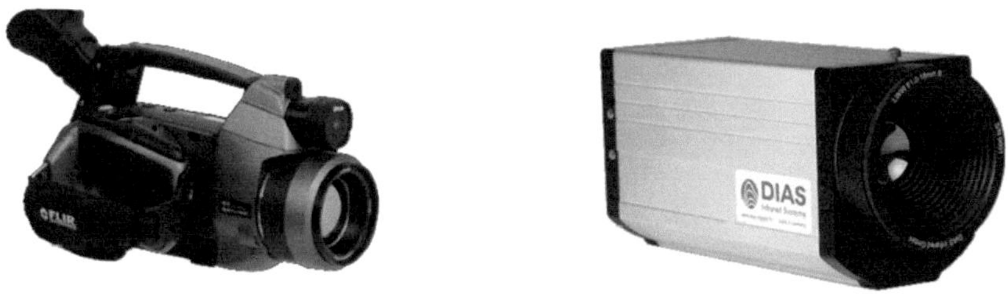

a) b)

Bild 2.2.2: IR-Kamera a) für den mobilen Einsatz (FLIR P660; mit freundlicher Genehmigung der FLIR Systems Inc.) und b) für den stationären Einsatz (PYROVIEW 380L compact+; mit freundlicher Genehmigung der DIAS Infrared GmbH).

2.3. Mikrobolometerarrays

Ein Mikrobolometer ist ein thermischer IR-Strahlungssensor, bei dem durch die Absorption von infraroter Strahlung eine Temperaturänderung ΔT des Sensorelements eine Widerstandsänderung ΔR des Bolometerwiderstandes R hervorgerufen wird (Bild 2.3.1). Mit einem impulsförmigen Strom I_B wird dann die Widerstandsänderung gemessen. Mikrobolometerarrays werden mit mikrosystemtechnischen Verfahren (MEMS-Technologie) auf einem CMOS-Ausleseschaltkreis (ROIC, Read-out Integrated Circuit) prozessiert (Bild 2.3.2 und 2.3.3). Die Widerstandsschicht befindet sich auf einer Mikrobrücke (Brückenhöhe ca. 2,5 µm, typische Kantenlänge < 50 µm). Jede Mikrobrücke ist ein Pixel.

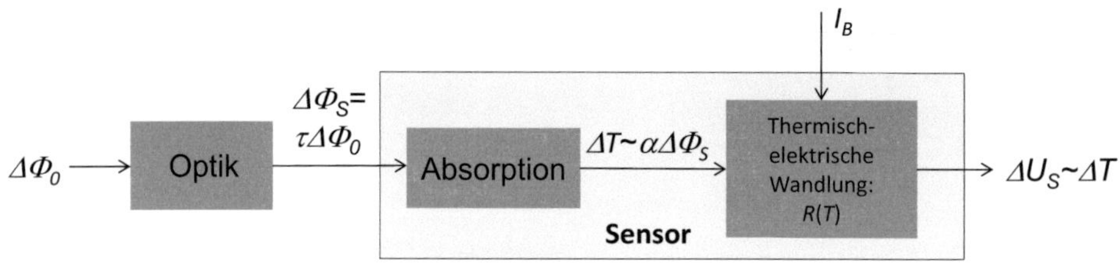

Bild 2.3.1: Messkette eines IR-Strahlungsbolometers. $\Delta\Phi_O$ Strahlungsfluss vom Objekt, $\Delta\Phi_S$ Strahlungsfluss am Sensor; τ Transmissionsgrad der Optik, ΔT Temperaturänderung des Pixels, α Absorptionsgrad des Pixels, $R(T)$ temperaturabhängiger Bolometerwiderstand, I_B Arbeitsstrom, ΔU_S Ausgangssignal.

Die Mikrobrücken dienen zur thermischen Isolation der Pixel und gleichzeitig als λ/4-Absorber. Um eine hohe thermische Isolation zu gewährleisten, müssen die Pixel im Vakuum arbeiten. Für kommerzielle Mikrobolometerarrays werden ausschließlich halbleitende Widerstandsmaterialien, nämlich amorphes Silizium (a-Si) und Vanadiumoxid (VOx), eingesetzt. Eine ausführliche Beschreibung von Mikrobolometern findet man in /2.2/ und /2.3/.

Im Folgenden werden einige für die Kalibrierung wichtige Aspekte anhand der eingesetzten Mikrobolometer auf der Basis von a-Si vorgestellt.

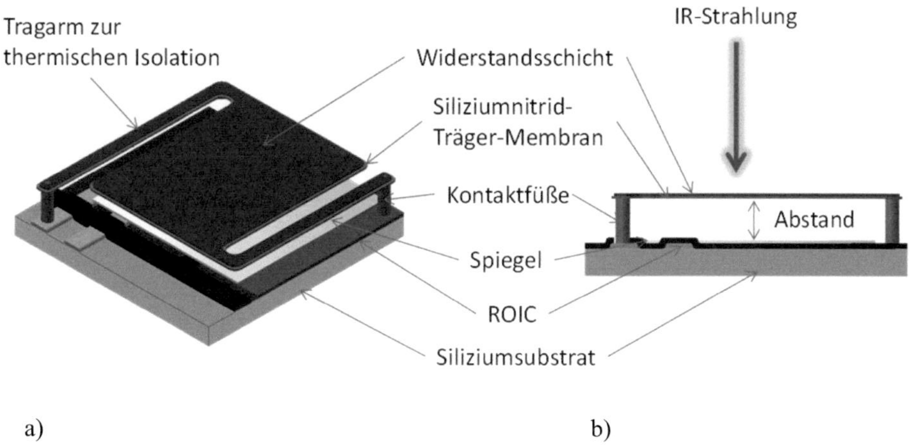

Bild 2.3.2: Aufbau eines Mikrobolometerpixels (nicht maßstabgerecht): a) Ansicht, b) Querschnitt.

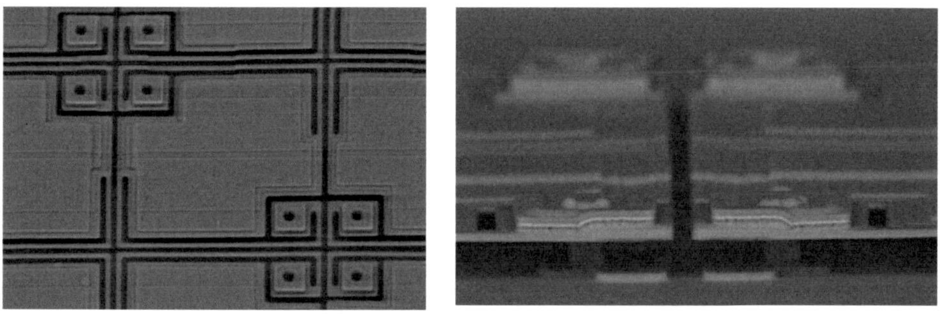

a) b)

Bild 2.3.3: Mikrobolometerpixel mit einem Pixelraster von 25 µm: a) Draufsicht und b) Querschnitt eines Pixels (mit freundlicher Genehmigung des Fraunhofer Instituts für Mikroelektronische Schaltungen und Systeme Duisburg).

Für die Temperaturabhängigkeit des Bolometerwiderstandes R_B gilt:

$$R_B = R_{B0} e^{\frac{E_A}{k_B T}} \tag{2.3.1}$$

mit der Aktivierungsenergie E_A, der BOLTZMANN-Konstante k_B und einem Bezugswiderstand R_{B0}. Die Temperaturabhängigkeit des Bolometerwiderstandes ΔR wird durch den Temperaturkoeffizienten *TCR* (Temperature Coefficient of Resistance) beschrieben:

$$TCR = \frac{1}{R_B} \frac{dR_B}{dT} . \tag{2.3.2}$$

Der Temperaturkoeffizient eines Mikrobolometers ist dann:

$$TCR = -\frac{E_A}{k_B T^2}\,. \tag{2.3.3}$$

Die Aktivierungsenergie E_A ist für a-Si im Temperaturbereich von -20 °C bis 90 °C annähernd temperaturunabhängig und beträgt 0,20 eV /2.3/. Die Temperaturabhängigkeit des *TCR* ist im Bild 2.3.4 dargestellt. Bei einer Sensortemperatur von 27 °C beträgt der *TCR* -2,6 %/K.

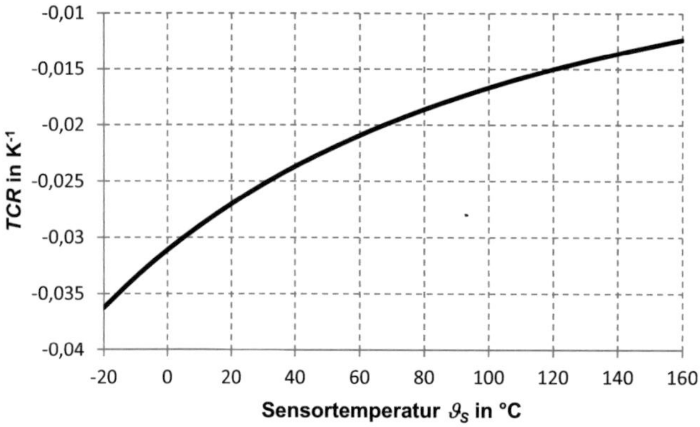

Bild 2.3.4: Temperaturabhängigkeit des TCR von a-Si.

Die Spannungsempfindlichkeit R_V eines Pixels ist direkt proportional zum Betrag von *TCR* /2.2/:

$$R_V = \frac{I_B R_{B0}}{G_{th}} |TCR| \tag{2.3.4}$$

mit dem Bolometerarbeitsstrom I_B und dem thermischen Leitwert G_{th}. Die Spannungsempfindlichkeit schwankt also im interessierenden Sensortemperaturbereich (0°C bis 80 °C) ungefähr um den Faktor 3.

Das Auslesen der einzelnen Pixel eines Arrays erfolgt nach dem Rolling-Frame-Prinzip /2.2/, d.h. das alle Pixel einer Zeile gleichzeitig abgetastet und anschließend seriell an einem Ausgang zur Verfügung gestellt werden. Bild 2.3.5 zeigt die Signalverarbeitung eines Pixels. Jedes Pixel beinhaltet einen Transistor (J_1) zur Verstärkung und zur Auswahl des einzelnen Pixels. Als Lastwiderstand dient dabei ein Blindbolometerwiderstand. Ein Blindbolometer ist ein optisch nicht aktives Bolometer. Es verhält sich elektrisch und vor allem thermisch wie ein aktives Bolometer. Dadurch können Einflüsse der Herstellungstechnologie und der Sensortemperatur verringert werden. Die Blindbolometer sind spaltenweise so angeordnet, dass sich alle Pixel einer Spalte ein Blindbolometer teilen. Mit einer Gleichspannung U_I wird der Gleichspannungsarbeitspunkt (Offset) der Pixel festgelegt. Ein kapazitiver Transimpedanz-Verstärker (Capacitive Transimpedance Amplifier CTIA) stellt dann das Pixelsignal am Sensorausgang bereit.

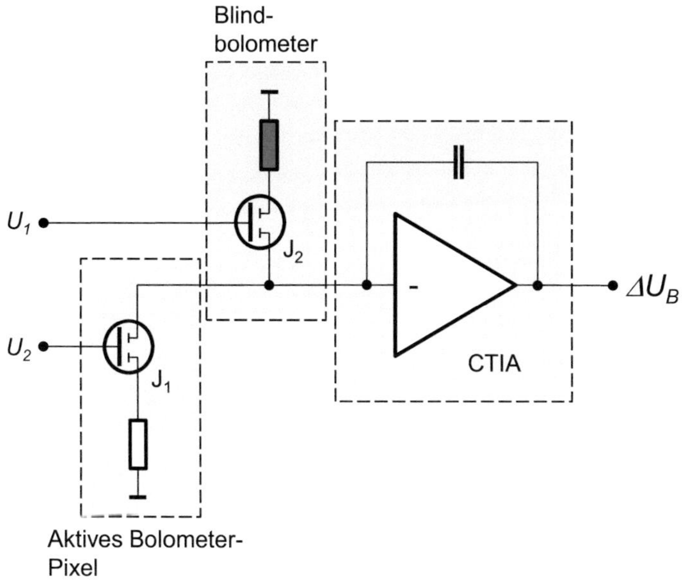

Bild 2.3.5: Ausleseprinzip eines Mikrobolometerpixels /2.4/.

Der Einsatz der Blindbolometer kann aber die Temperaturabhängigkeit der Offsetspannung nicht verhindern. Der Arbeitspunkt der Mikrobolometerarrays ist trotzdem noch von der Temperatur abhängig. Aufgrund der Temperaturabhängigkeit des Offsets und der Empfindlichkeit ist in klassischen Mikrobolometerarrays ein PELTIERelement zur Temperaturstabilisierung im Sensorgehäuse integriert. Aus dem anglo-amerikanischen Sprachgebrauch hat sich hier die Bezeichnung *Sensor mit TEC* eingebürgert. Die Abkürzung TEC steht für thermo-elektrische Kühler (Thermo-Electric Cooler), obwohl das PELTIERelement sowohl zum Kühlen als auch zum Heizen eingesetzt wird. Die übliche Sensortemperatur, auf die temperiert wird, liegt normalerweise zwischen 24 °C und 30 °C bei einer Temperaturstabilität von < 0,1 K. Da die Sensortemperatur ungefähr der Umgebungstemperatur entspricht, ergibt sich daraus auch die populäre Bezeichnung ungekühlter Sensor[1] bzw. ungekühlte Kamera (englisch: Uncooled Detector oder Uncooled Camera).

Die neueste Generation von Mikrobolometerarrays enthält im Gehäuse kein PELTIERelement mehr. Das erlaubt sehr kleine und preiswerte Gehäuse (siehe Abschnitt 2.1). Diese Mikrobolometerarrays bezeichnet man dem entsprechend auch als TEC-lose Sensoren (englisch: TECless oder TEC-less). Um ein Mikrobolometerarray TEC-los betreiben zu können, müssen einige Bedingungen erfüllt sein /2.4, 2.5/:

- Der Ausleseschaltkreis muss im gesamten Temperaturbereich streng linear arbeiten.
- Die Temperaturabhängigkeit des Offsets muss gering sein.

---

[1] Man bezeichnet üblicherweise alle IR-Strahlungssensoren, deren Arbeitstemperatur mit PELTIERelementen erreicht werden kann, als ungekühlte Sensoren (ca. bis -20° Arbeitstemperatur). Es existiert aber keine offizielle Festlegung.

- Die Streuung der Empfindlichkeit muss temperaturunabhängig sein.
- Der Dynamikbereich des Sensors muss sehr groß sein.

Die erste Forderung ist leicht einzusehen und wird von der aktuellen Generation von Mikrobolometerarrays eingehalten. Da praktisch die Streuung der Aktivierungsenergie über die Sensorfläche bzw. sogar über den gesamten prozessierten Wafer vernachlässigbar ist, wird die zweite und dritte Forderung erfüllt /2.5/. Der Dynamikbereich wird im Abschnitt 3.1g betrachtet.

Um den Einfluss der Sensortemperatur auf die Sensorparameter zu verringern, implementieren die Sensorhersteller für den TEC-losen Betrieb verschiedene Methoden der Pixelansteuerung in die Mikrobolometer. Dabei werden im Wesentlichen zwei Effekte ausgenutzt, zum einen die Proportionalität der Empfindlichkeit zum Arbeitsstrom (Gl. (2.3.4)) und zum anderen die Selbsterwärmung durch den Arbeitsstrom /2.18; 2.19/.

Die Untersuchungen in dieser Arbeit wurden vorwiegend an Mikrobolometerarrays der französischen Firma ULIS durchgeführt (Tabelle 2.3.1). Sie arbeiten auf der Basis von amorphem Silizium (a-Si). Die Sensoren haben eine rauschäquivalente Temperaturdifferenz (NETD) von 40 bis 120 mK. Vergleichend konnten auch Messungen an Mikrobolometern aus Vanadiumoxid (VO_x) der Firmen DRS Technologies Inc. (USA) und SCD (Israel) durchgeführt werden. Auch wenn alle genannten Sensoren stark unterschiedliche Ausleseschaltkreiskonzepte verwenden, konnten bezüglich der Kalibrierung keine grundlegenden Unterschiede festgestellt werden.

Tabelle 2.3.1: Untersuchte Mikrobolometerarrays (Fa. ULIS, Frankreich); ϑ_S = 30 °C.

Format	Typ UL	Größe	Pixelzahl	Pixelraster µm	Sensorfläche mm²	TEC	R_T mV/K	*NETD* mK
QVGA	0316	384x288	110592	25	9,600 x 7,200	Ja	5	80
	0326			17	6,528 x 4,836	Nein	10	50
VGA	0427	640x480	307200	17	10,880 x 8,160	Nein	6	80
XGA	0525	1024x768	786432	17	17,408 x 13,056	Nein	8	60

2.4. IR-Optik

Ein IR-Objektiv bildet die Strahldichteverteilung der Szene auf das Sensorarray ab. Dabei gelten für IR-Objektive die gleichen Gesetze wie im sichtbaren Spektralbereich. Dennoch gibt es einige Unterschiede. So sind IR-Objektive in der Regel beugungsbegrenzt. Besonders zu beachten ist auch der sehr große Spektralbereich im FIR. IR-Objektive für Mikrobolometer-arrays müssen

- im Spektralbereich von 8 bis 14 µm farblich korrigiert sein,
- hoch geöffnet sein (Blendenzahl $k < 1{,}4$), wobei als Standardblendenzahl oft $k = 1$ verwendet wird,
- einen hohen und wellenlängenunabhängigen Transmissionsgrad aufweisen ($\tau > 0{,}9$) und
- ein großes Bildfeld besitzen (bis 22 mm für XGA-Auflösung).

Zur Messung wurden jeweils an den Mikrobolometertyp angepasste IR-Objektive eingesetzt (Tabelle 2.4.1). Alle eingesetzten IR-Objektive haben die Blendenzahl Eins.

Bild 2.4.1 zeigt beispielhaft das Design eines IR-Objektivs mit 30 mm Brennweite. Die Transmissiongrade der Objektive betragen im Wellenlängenbereich von 8 bis 12 µm mehr als 90% und von 12 bis 14 µm mehr als 80%. Als Bandtransmissionsgrad kann 0,9 angenommen werden /2.6/.

Tabelle 2.4.1: Bildfelder und Brennweiten der eingesetzten IR-Objektive

Sensortyp	Pixelzahl	Raster	Bildfeld-∅	Brennweite	Bildfeld (FOV)
UL0326	384x288	17 µm	8,16 mm	18 mm	19,7°x15,3°
UL0316	384x288	25 µm	12,00 mm	25 mm	21,7°x16,4°
UL0427	640x480	17 µm	13,60 mm	25 mm	24,5°x18,5°
UL0525	1024x768	17 µm	21,76 mm	30 mm	32,3°x24,5°

Der projizierte Raumwinkel ω_l eines Pixels nimmt von der Mitte des Bildfeldes zum Rand hin ab (Bild 2.4.2) /2.2/:

$$\omega_1(r) = \frac{\pi}{2}\left[1 - \frac{r^2 + f'^2 - r_O^2}{\sqrt{\left(r^2 + f'^2 + r_O^2\right)^2 - 4r^2 r_O^2}}\right] \qquad (2.4.1)$$

mit dem Abstand r des Pixels zur Bildfeldmitte, der Brennweite f' und dem Radius r_O der Eintrittspupille (Bild 2.4.3).

Für die Bildfeldmitte ($r = 0$) erhält man die bekannte Formel:

$$\omega_1 = \pi \frac{r_O^2}{f'^2 + r_O^2} = \pi \sin^2 \frac{FOV}{2}. \qquad (2.4.2)$$

Mit Hilfe der Blendenzahl k

$$k = \frac{f'}{2r_O} \tag{2.4.3}$$

berechnet sich der reduzierte Raumwinkel zu

$$\omega_1 = \frac{\pi}{4k^2+1}. \tag{2.4.4}$$

Die Gln. (2.4.2) bzw. (2.4.4) geben auch den maximalen reduzierten Raumwinkel im Bildfeld an. Für eine Blendenzahl $k = 1$ gilt:

$$\omega_{1,\max} = \frac{\pi}{5}\,\mathrm{sr} = 0{,}628\ \mathrm{sr}. \tag{2.4.5}$$

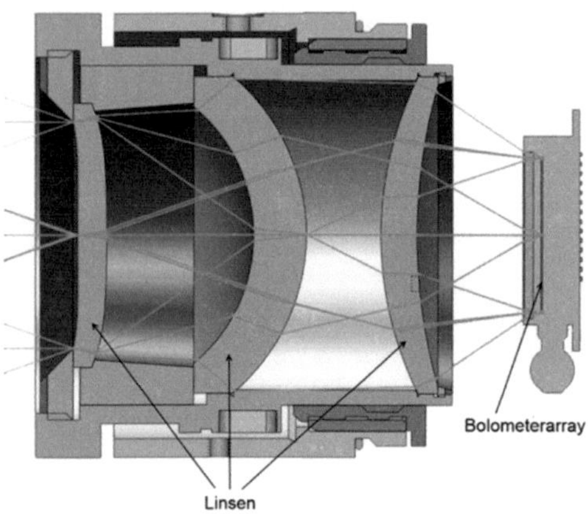

Bild 2.4.1: Aufbau und optische Strahlführung eines Objektivs mit einer Brennweite von 30 mm (mit freundlicher Genehmigung der DIAS Infrared GmbH).

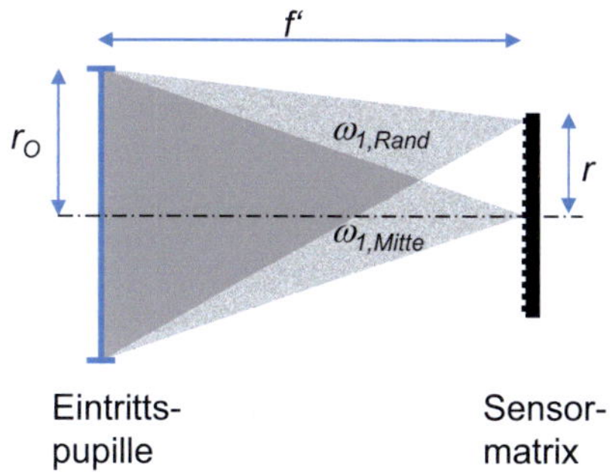

a)

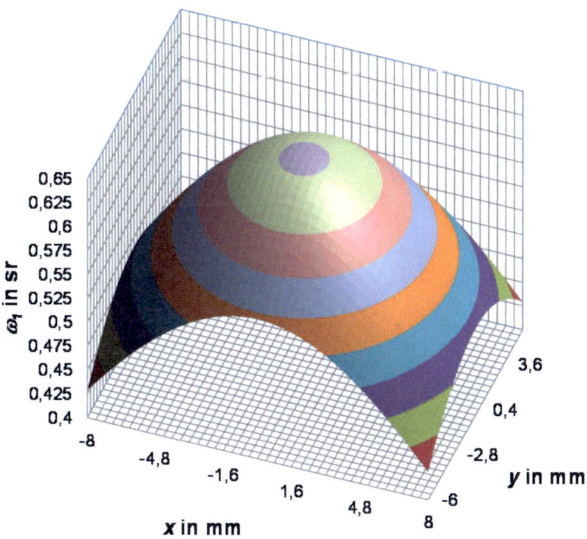

b)

Bild 2.4.2: Reduzierte Raumwinkel ω_1 der Pixel a) in der Mitte und am Rand, b) Ortsverteilung über dem Bolometerarray.

Die Verkleinerung des reduzierten Raumwinkels äußert sich bei einer homogenen Szene durch eine Abschattung im Bildfeld zum Rand hin (Randlichtabfall, natürliche Vignettierung /2.7/). Bild 2.4.3 zeigt den gemessenen Randlichtabfall des 30 mm-Objektivs im Vergleich mit theoretischen Werten.

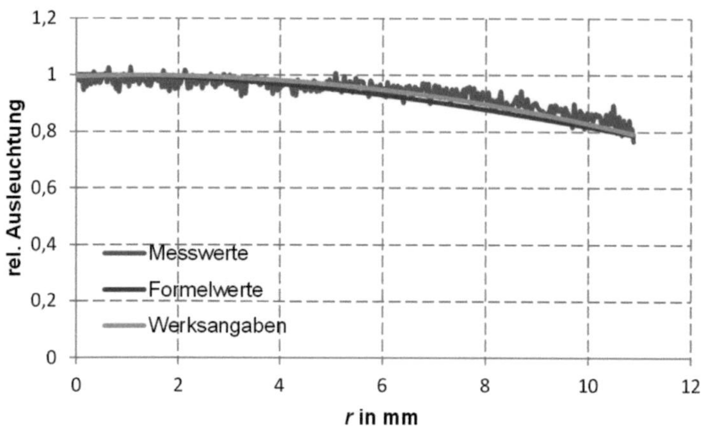

Bild 2.4.3: Randlichtabfall des Objektivs von Bild 2.4.1. Formelwerte berechnet nach Gl. 2.4.1.

3. Radiometrisches Kameramodell

Eine ungekühlte Mikrobolometerkamera ist ein optoelektronisches Aufnahmesystem für den fernen Infrarotbereich. Für die Beschreibung derartiger Systeme existieren verschiedene Modellansätze /3.1; 3.2/. Systemtheoretische Modelle beschreiben Kameras mit Übertragungsfunktionen zwischen Eingangsgrößen (Objektfunktion) und Ausgangsgrößen (Bildfunktion). Ein Beispiel dafür ist die Modulationsübertragungsfunktion. Geometrische Modelle beinhalten Koordinatentransformationen, Projektions- und Blickrichtungsbeschreibungen, Zeichenalgorithmen usw. Radiometrische Modelle beziehen sich auf die Signalflussbeschreibung aus energetischer Sicht. Sie beschreiben z.B. die Empfindlichkeit und das Rauschen eines Systems und dienen daher als Grundlage zur radiometrische Kalibrierung.

Im folgenden Abschnitt 3.1. werden die thermischen Kenngrößen von Mikrobolometerkameras vorgestellt. Anschließend werden die radiometrischen Modelle von IR-Kameras mit temperaturstabilisierten Sensorarrays (Abschnitt 3.2) und mit Sensorarrays ohne Temperaturstabilisierung (Abschnitt 3.3) erläutert.

3.1. Kenngrößen

3.1.1. Strahlungsgrößen

Im Bild 3.1.1 ist der Signalweg einer IR-Mikrobolometerkamera dargestellt. Die Änderung der Strahldichte ΔL im Objekt (schwarzer Strahler) erzeugt eine Spannungsänderung ΔU_a am Sensorausgang (Mikrobolometer).

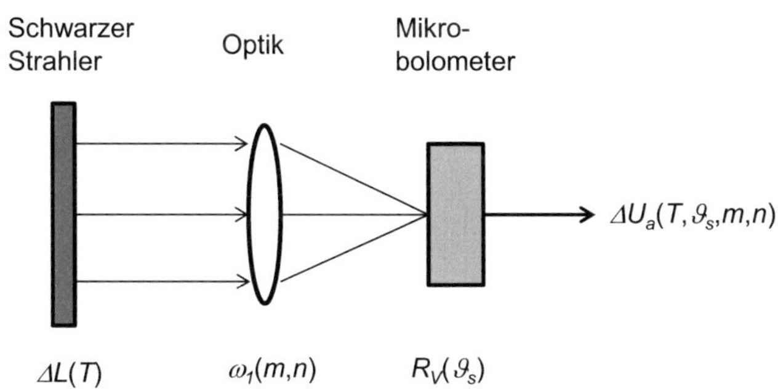

Bild 3.1.1: Radiometrisches Basismodell von IR-Mikrobolometerkameras.

Zur Modellierung und Kalibrierung wird als Signalquelle immer ein schwarzer Strahler verwendet. Er sendet gemäß dem PLANCKschen Strahlungsgesetz in Abhängigkeit von seiner Temperatur T die spektrale Strahlungsdichte L_λ

$$L_\lambda(T) = \frac{c_1}{\pi\lambda^5} \frac{1}{e^{\frac{c_2}{\lambda T}} - 1} \tag{3.1.1}$$

aus, wobei c_1 =3,7418E-16 Wm^2 und c_2 = 0,0143877 m·K Strahlungskonstanten sind. Seine Gesamtstrahldichte L_G lässt sich mit dem STEFAN-BOLTZMANN-Gesetz berechnen:

$$L_G(T) = \frac{\sigma}{\pi} T^4 \tag{3.1.2}$$

mit der STEFAN-BOLTZMANN-Konstante σ = 5,670512E-8 W/(m^{2}K^4). Mikrobolometer detektieren nur Strahlung im Wellenlängenbereich von λ_1 = 8 µm bis λ_2 = 14 µm (FIR-Bereich). Leider kann das Integral über der Wellenlänge

$$L(T) = \int_{\lambda_1}^{\lambda_2} \frac{c_1}{\pi\lambda^5} \frac{1}{e^{\frac{c_2}{\lambda T}} - 1} d\lambda \tag{3.1.3}$$

für beliebige Wellenlängenbereiche nicht geschlossen gelöst werden. Im Bild 3.1.2 sind berechnete Lösungen für verschiedene Wellenlängenbereiche im Vergleich zur Gesamtstrahldichte angegeben. Ist der strahlende Körper nicht schwarz, muss in Gl. (3.1.3) ein wellenlängenabhängiger Emissionsgrad ε_λ berücksichtigt werden. Für graue Strahler werden die Gln. (3.1.2) und (3.1.3) mit dem wellenlängenunabhängigen Emissionsgrad ε multipliziert.

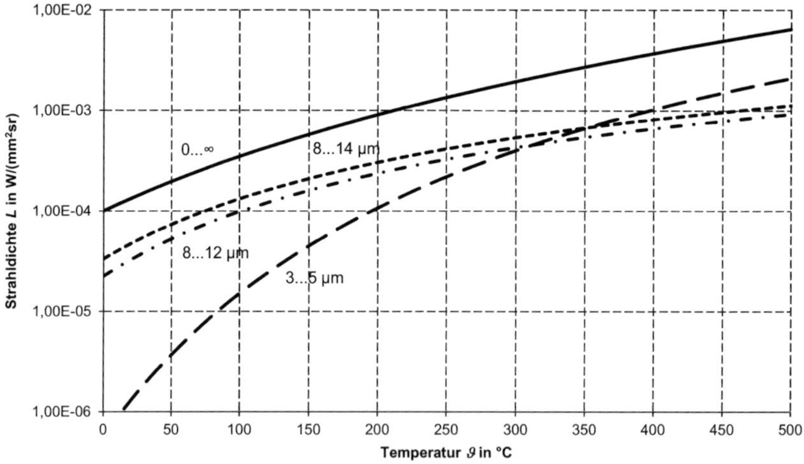

Bild 3.1.2: Strahldichte eines schwarzen Strahlers. Parameter: Wellenlängenbereich.

Die Änderung der Strahldichte bezüglich der Temperatur berechnet sich durch die Ableitung von Gl. (3.1.3) nach der Temperatur (differentielle Strahldichte):

$$L'(T) = \frac{dL}{dT} = \int_{\lambda_1}^{\lambda_2} L_\lambda(T) \frac{c_2}{\lambda T^2} \frac{d\lambda}{1 - e^{-\frac{c_2}{\lambda T}}}. \tag{3.1.4}$$

Für die Gesamtstrahlung gilt nach Gl. (3.1.2)

$$L_G' = 4\frac{\sigma}{\pi}T^3 . \tag{3.1.5}$$

Gl. (3.1.4) lässt sich wiederum nur numerisch lösen (Bild 3.1.3).

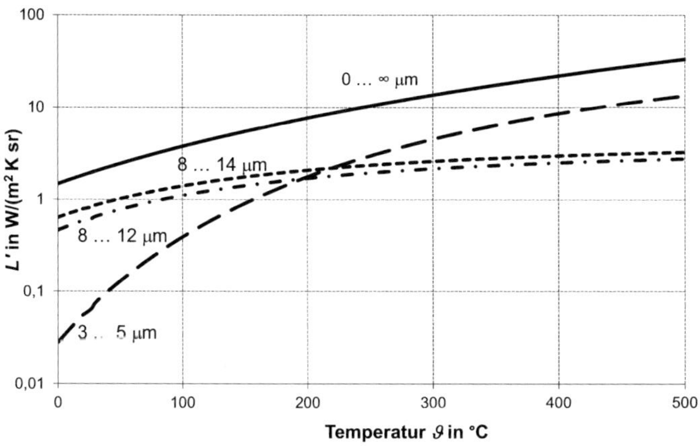

Bild 3.1.3: Differentielle Strahldichte. Parameter: Wellenlängenbereich.

Eine Optik bildet den schwarzen Strahler auf dem Mikrobolometerarray ab. Dabei wird nur ein Teil der vom schwarzen Strahler in den Halbraum ausgesandten Strahlung auf den Sensor projiziert. Dieser wird mit dem reduzierten Raumwinkel ω_l beschrieben. Für die Bestrahlungsstärke E auf dem Mikrobolometer gilt allgemein:

$$E = \omega_1 L . \tag{3.1.6}$$

Der reduzierte Raumwinkel ω_l hängt von der Lage des Pixels im Bildfeld ab (Gl. (2.4.1) und Bild 2.4.2), wobei die Pixel selber als differentiell kleine Flächenelemente dA angesehen werden können. Entscheidend ist der Abstand r des Pixels zur Bildfeldmitte:

$$r(m,n) = r_P\sqrt{m_o^2 + n_0^2} , \tag{3.1.7}$$

mit

$$m_0 = m - \frac{M}{2} , \tag{3.1.8}$$

$$n_0 = n - \frac{N}{2} \tag{3.1.9}$$

und dem Pixelraster r_P, M bzw. N der Gesamtanzahl der Spalten bzw. Zeilen und m bzw. n der Spalten- bzw. Zeilennummer. Der vom Pixel empfangene Strahlungsfluss Φ ist dann

$$\Phi = \tau_O E A_P = \omega_1 \tau_O A_P L \tag{3.1.10}$$

mit der Pixelfläche A_P und dem Transmissionsgrad τ_O der Optik. Für die durch eine Temperaturänderung ΔT hervorgerufene Strahlungsflussänderung $\Delta\Phi$ gilt dementsprechend:

$$\Delta\Phi = \omega_1 \tau_O A_P \Delta L \tag{3.1.11}$$

bzw. in differentieller Form:

$$\frac{d\Phi}{dT} = \omega_1 \tau_O A_P L'. \tag{3.1.12}$$

3.1.2. Spannungsempfindlichkeit

Die Spannungsempfindlichkeit R_V beschreibt die Änderung der Ausgangsgröße ΔU_a infolge einer Änderung der Eingangsgröße $\Delta\Phi$ /3.3/:

$$R_V = \frac{\Delta U_a}{\Delta\Phi}. \tag{3.1.13}$$

Aus den Gl. (3.1.11) und (3.1.13) wird dann:

$$\Delta U_a = \omega_1 \tau_O A_P R_V \Delta L. \tag{3.1.14}$$

3.1.3. Signalübertragungsfunktion

Gl. (3.1.14) repräsentiert die Ausgangsspannungsänderung als Funktion der Temperaturänderung in der Szene. Die Ausgangsspannung als Funktion der Szenentemperatur wird als Signalübertragungsfunktion SiTF (Signal Transfer Function) bezeichnet:

$$SiTF(T) = \omega_1 \tau_O A_P R_V L = \omega_1 \tau_O A_P R_V \int_{\lambda_1}^{\lambda_2} \frac{c_1}{\pi\lambda^5} \frac{1}{e^{\frac{c_2}{\lambda T}} - 1} d\lambda. \tag{3.1.15}$$

3.1.4. Temperaturempfindlichkeit

Der Anstieg der SiTF ist die in den Datenblättern zu Mikrobolometerarrays angegebene Temperaturempfindlichkeit R_T:

$$R_T = \frac{dSiTF}{dT} = \omega_1 \tau_O A_P R_V L' = \omega_1 \tau_O A_P R_V \int_{\lambda_1}^{\lambda_2} L_\lambda(T) \frac{c_2}{\lambda T^2} \frac{d\lambda}{1 - e^{-\frac{c_2}{\lambda T}}} \tag{3.1.16}$$

bzw. mit Gl. (3.1.12):

$$R_T = A_P d\Phi. \tag{3.1.17}$$

Üblicherweise wird die Temperaturempfindlichkeit für die Matrixmitte angegeben. Dann gilt für den reduzierten Raumwinkel mit Gl. (2.3.4):

$$R_T = \frac{\pi\tau_O A_P R_V}{4k^2+1} L' = \frac{\pi\tau_O A_P R_V}{4k^2+1} \int_{\lambda_1}^{\lambda_2} L_\lambda(T) \frac{c_2}{\lambda T^2} \frac{d\lambda}{1-e^{-\frac{c_2}{\lambda T}}}. \tag{3.1.18}$$

Eine übersichtliche Formel für die Gesamtstrahlung erhält man mit Gl. (3.1.5):

$$R_T = \frac{4\tau_O A_P R_V}{4k^2+1} \sigma T^3. \tag{3.1.19}$$

Die Temperaturempfindlichkeit ist proportional zur Spannungsempfindlichkeit und zur Pixelfläche. Außerdem ist sie proportional zu T^X, wobei X vom Wellenlängenbereich abhängig ist. Für die Gesamtstrahlung ist $X = 3$, für den interessierenden FIR-Bereich gilt $X \approx 2$. Die Temperatur, für die die Temperaturempfindlichkeit angegeben wird, bezeichnet man als Hintergrundtemperatur. Die Temperaturempfindlichkeit ist indirekt proportional zum Quadrat der Blendenzahl. Die Angabe der Temperaturempfindlichkeit erfolgt meist für eine Blendenzahl von $k = 1$ und einer Hintergrundtemperatur von $\vartheta_S = 30$ °C. Für die untersuchten Mikrobolometerarrays sind in Tabelle 2.3.1 die Temperaturempfindlichkeiten angegeben. Wichtig ist auch der Zusammenhang zwischen der Temperatur- und der Spannungsempfindlichkeit:

$$R_V = \frac{R_T}{\omega_1 A_P L'}. \tag{3.1.20}$$

3.1.5. Rauschäquivalente Temperaturdifferenz

Die Temperaturauflösung eines Mikrobolometerarrays wird mit der rauschäquivalenten Temperaturdifferenz *NETD* (Noise-equivalent Temperature Difference) beschrieben. Die *NETD* ist diejenige Temperaturdifferenz ΔT in einem Objekt, die am Sensorausgang einen Signal-Rausch-Abstand von eins erzeugt:

$$NETD = \frac{U_R}{\Delta U_a} \Delta T \tag{3.1.21}$$

mit dem Effektivwert der Rauschspannung U_R. Die *NETD* lässt sich mit der Temperaturempfindlichkeit leicht berechnen:

$$NETD = \frac{U_R}{R_T}. \tag{3.1.22}$$

Damit gilt:

$$NETD = \frac{4k^2+1}{A_P \tau_O} \frac{1}{\pi \mathrm{sr} L'} \frac{U_R}{R_V}. \tag{3.1.23}$$

Die drei Terme der *NETD* in Gl. (3.1.23) lassen sich gut interpretieren:

- Im linken Term $\frac{4k^2+1}{A_P \tau_O}$ sind nur optisch-geometrische Parameter enthalten. Die NETD ist indirekt proportional zum reduzierten Raumwinkel $\omega_1 = \frac{\pi}{4k^2+1}$ und demzufolge proportional zum Quadrat der Blendenzahl. Größere Pixelflächen ergeben eine bessere *NETD*.
- Der mittlere Term $\frac{1}{L'}$ beinhaltet die Strahlungseigenschaften des Objekts, dessen Temperatur und den genutzten Wellenlängenbereich.
- Der rechte Term $\frac{U_R}{R_V}$ entspricht der rauschäquivalenten Leistung *NEP* (Noise-equivalent Power) des Mikrobolometerpixels.

In Tabelle 2.3.1 sind die *NETD*-Werte der untersuchten Mikrobolometerarrays angegeben.

3.1.6. Strahlungsbegrenzte Temperaturauflösung

Von besonderem Interesse ist die theoretische Auflösungsgrenze, d.h. die minimal erreichbare Temperaturauflösung. Sie wird erreicht, wenn als einzige nicht vermeidbare Rauschquelle das Strahlungsrauschen verbleibt /3.4/. In diesem Fall gilt für die sogenannte strahlungsbegrenzte *NEP*

$$NEP_{BLIP} = \sqrt{16 \varepsilon k_B \sigma T_S^5 A_P B}\,. \tag{3.1.24}$$

Der Index *BLIP* ist dabei die englische Abkürzung für hintergrundbegrenzte Auflösung. (Background-limited Infrared Performance). Setzt man nun die Gln. (3.1.5) und (3.1.24) in Gl. (3.1.23) ein, erhält man die BLIP-*NETD*:

$$NETD_{BLIP} = \left(4k^2+1\right)\sqrt{\frac{k_B B}{\varepsilon \sigma T_S A_S}}\,. \tag{3.1.25}$$

Da die Sensortemperatur T_S für ungekühlte Sensoren mit ca. Raumtemperatur vorgegeben ist, bleiben als konstruktive Einflussgrößen nur die Blendenzahl k, die Pixelfläche A_S und die elektronische Bandbreite B, wobei die letzteren durch den Sensorhersteller bereits festgelegt sind. Im Bild 3.1.4 ist die BLIP-*NETD* in Abhängigkeit von der Pixelbreite b eines quadratischen Pixels dargestellt.

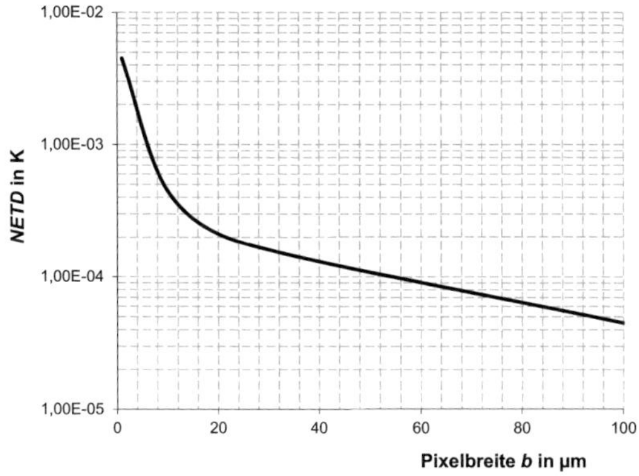

Bild 3.1.4: BLIP-*NETD*. Parameter: $k = 1$, $\varepsilon = 1$, $T_S = 300K$, $B = 1$ Hz.

3.1.7. Inhomogenitätsäquivalente Temperaturdifferenz

Trotz einer Kennlinienkorrektur (Abschnitt 7) verbleibt im IR-Bild eine, wenn auch kleine Inhomogenität, nämlich das sogenannte Bildmusterrauschen (Fixed Pattern Noise; Abschnitt 7.1.2). Es wird mit der Inhomogenitätsäquivalenten Temperaturdifferenz IETD beschrieben. Die IETD ist die räumliche Standardabweichung der Mikrobolometerpixel innerhalb eines Bildes:

$$IETD = \sqrt{\frac{1}{MN-1}\sum_{n=1}^{N}\sum_{m=1}^{M}\left(U_{mn} - \langle U \rangle\right)^2} \tag{3.1.26}$$

mit der Spannung U_{mn} eines Pixels und dem räumlichen Mittelwert $\langle U \rangle$ aller Pixel. Die *IETD* verschlechtert die thermische Auflösung. Deshalb muss sie zur Berechnung der *NETD* herangezogen werden. Die Gesamt-*NETD* berechnet sich dann durch die quadratische Addition der zeitlichen und räumlichen Temperaturauflösungen:

$$NETD_{gesamt} = \sqrt{NETD^2 + IETD^2}\,. \tag{3.1.27}$$

3.1.8. Kontrastumfang und Dynamikbereich

Sehr hohe Temperaturauflösungen, d.h. sehr kleine *NETD*-Werte, führen zu einem sehr großen Kontrastumfang im Thermobild. Der Kontrastumfang K_m ist das Verhältnis vom maximalen zum kleinsten von Rauschen unterscheidbaren Strahlungsfluss. Der maximale Strahlungsfluss Φ_{max} wird durch den Messbereich der Thermobildkamera definiert. Der kleinste vom Rauschen unterscheidbare Strahlungsfluss ist durch die *NEP* gegeben:

$$K_m = 10\log\frac{\Phi_{max}}{NEP}\,. \tag{3.1.28}$$

Bei der Berechnung des maximalen Strahlungsflusses ist zu beachten, dass der Sensor die Strahlungsflussdifferenz zwischen seiner Eigentemperatur ϑ_{eigen} und der Objekttemperatur ϑ_{min} bzw. ϑ_{max} misst:

$$\Phi_{\max} = \Phi_{\vartheta\max} - \Phi_{\vartheta eigen} + \left|\Phi_{\vartheta\min} - \Phi_{\vartheta eigen}\right| = \Phi_{\vartheta\max} - \Phi_{\vartheta\min} \tag{3.1.29}$$

wobei $\Phi_{\vartheta max}$ der Strahlungsfluss eines schwarzen Strahlers mit der Temperatur ϑ_{max} am Messbereichsende ($\vartheta_{max} > \vartheta_{eigen}$) und $\Phi_{\vartheta min}$ der Strahlungsfluss eines schwarzen Strahlers mit der Temperatur ϑ_{max} am Messbereichsanfang ($\vartheta_{min} < \vartheta_{eigen}$) sind. Mit den Gln. (3.1.10) und (2.4.4) ergibt sich:

$$\Phi_{\max} = \omega_1 \tau_O A_P \left(L_{\vartheta\max} - L_{\vartheta\min}\right) = \frac{\pi \tau_O \mathrm{sr}}{4k^2+1} A_P \left(L_{\vartheta\max} - L_{\vartheta\min}\right) \tag{3.1.30}$$

Bei gegebener *NETD* berechnet sich die *NEP* aus Gl. (3.1.23):

$$NEP = \frac{\tau_O \pi \mathrm{sr}}{4k^2+1} A_P L' \, NETD\,. \tag{3.1.31}$$

Der Kontrastumfang ist dann (Bild 3.1.5):

$$K_m = 10\log\left(\frac{L_{\vartheta\max} - L_{\vartheta\min}}{L'} \frac{1}{NETD}\right). \tag{3.1.32}$$

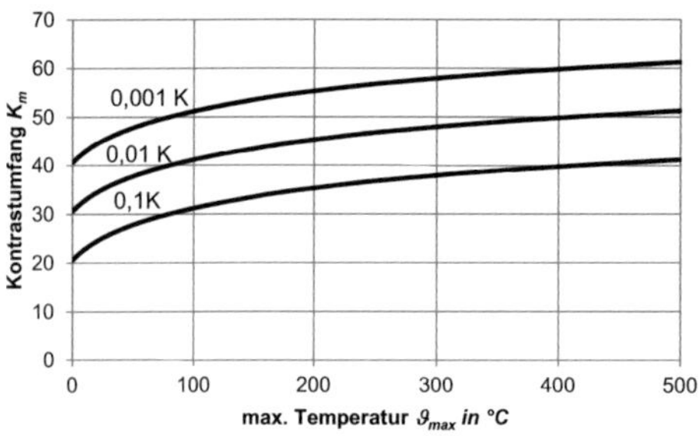

Bild 3.1.5: Kontrastumfang eines Thermobildes. ϑ_{min} = -20 °C, Parameter: *NETD.*

Betrachtet man nun die Signale am Sensorausgang, so müssen zur Bestimmung des Dynamikbereiches *DB* das Quadrat der Signalspannung und die Rauschleistung ins Verhältnis gesetzt werden. Aus Gl. (3.1.32) folgt dann:

$$DB = 20\log\left(\frac{L_{\vartheta\max} - L_{\vartheta\min}}{L'} \frac{1}{NETD}\right). \tag{3.1.33}$$

Im Bild 3.1.6 sind der Dynamikbereich *DB* und die dazu notwendigen Quantisierungsstufen *N* eines Analog-Digital-Umsetzers (ADU) dargestellt:

$$N = \frac{DB}{6{,}02\ \text{dB}}. \tag{3.1.34}$$

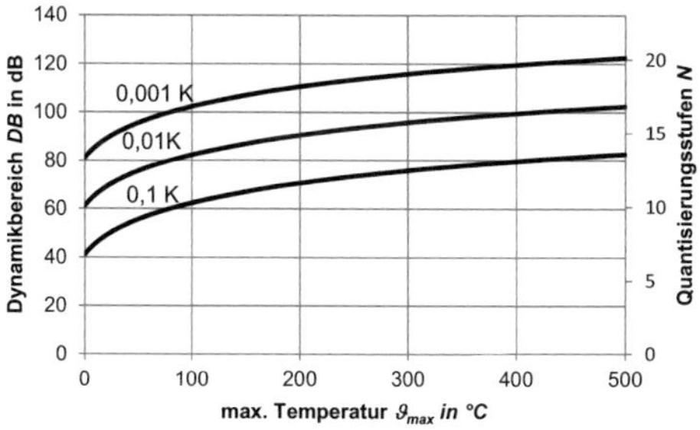

Bild 3.1.6: Dynamikbereich und entsprechende Anzahl *N* von Quantisierungsstufen eines ADUs. ϑ_{min} = -20 °C, Parameter: *NETD.*

3.1.9. Linearität

Unter Linearität versteht man eine direkte Proportionalität zwischen einer Eingangs- und einer Ausgangsgröße. Bei Mikrobolometern ist der einfallende Strahlungsfluss proportional zur Ausgangsspannung (Bild 3.1.1). Für die radiometrische Kalibrierung ist der Zusammenhang der Temperatur des Messobjekts (schwarzer Strahler) und der Ausgangsspannung entscheidend. Dieser ist aber nichtlinear und wird durch das PLANCKsche Strahlungsgesetz beschrieben (Gln. (3.1.1) und (3.1.2)). Wenn in dieser Arbeit von der Linearität gesprochen wird, ist deshalb eine Linearität bezüglich des Arbeitspunktes gemeint. Diese wird erreicht, wenn der ROIC ein lineares Übertragungsfunktion besitzt. Das bedeutet, dass die Aussteuerung um den Arbeitspunkt unabhängig vom Arbeitspunkt ist (Bild 3.1.7). Für den Linearitätsfaktor *LF* gilt also:

$$LF = \frac{\Delta U_2}{\Delta U_1} \tag{3.1.35}$$

mit den Aussteuerungen ΔU_1 und ΔU_2 um die Arbeitspunkte U_{AP1} und U_{AP2}. Bei bestehender Linearität ist

$$LF = 1. \tag{3.1.36}$$

Oft wird die Nichtlinearität *NL* in Prozent angegeben:

$$NL/\% = 100 * \left(\frac{\Delta U_1}{\Delta U_2} - 1 \right). \tag{3.1.37}$$

Eine Linearität kann angenommen werden, wenn *NL* kleiner ist als die Messabweichungen der gemessenen Spannungen ΔU_1 und ΔU_2.

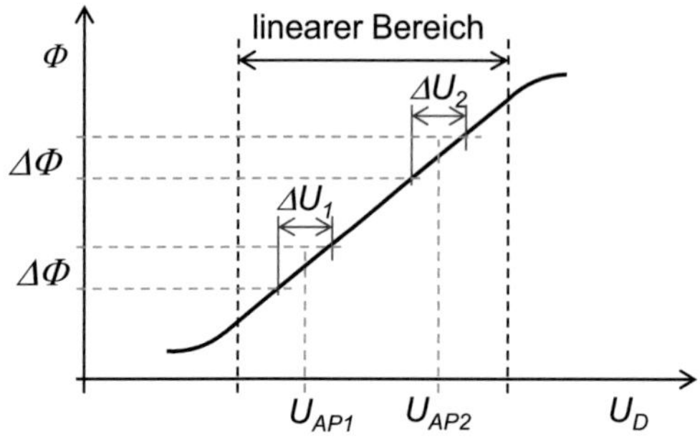

Bild 3.1.7: Aussteuerungen ΔU_1 und ΔU_2 um die Arbeitspunkte AP_1 und AP_2 bei gleichem Eingangssignal $\Delta\Phi$ zur Bestimmung der Linearität.

3.2. Kameramodell mit temperaturstabilisiertem Mikrobolometerarray

Zur Beschreibung der allgemeinen Kamerakenngrößen wurde im Abschnitt 3.1 ein idealisiertes Kameramodell angenommen. Nun empfängt das Pixel aber nicht nur Strahlung vom Messobjekt, sondern aus dem gesamten Halbraum (Bild 3.2.1). D.h., dass ein Pixel die Summe der Strahlungsflüsse vom Messobjekt und vom Inneren der Kamera detektiert.

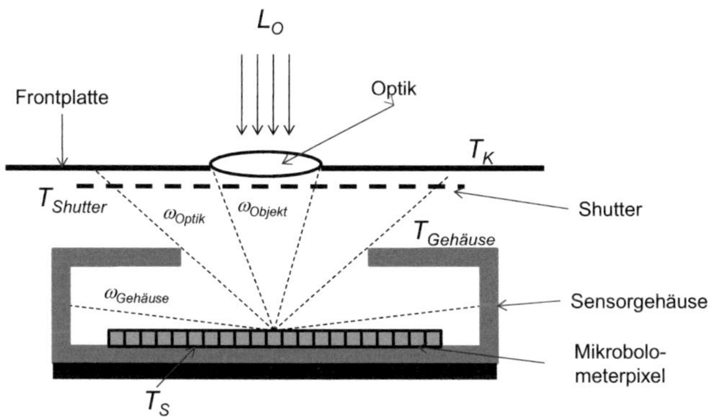

Bild 3.2.1: Optischer Kanal.

Ein Pixel sieht im Inneren der Kamera im Wesentlichen den Rand und die Halterung (Frontplatte) der Optik und sein eigenes Sensorgehäuse (Bild 3.2.2). Außerdem strahlt das Pixel selbst in den gesamten Halbraum ab. Die Bestrahlungsstärke E_P des Pixels (m, n) ist also:

$$E_{P,mn} = L_{O,mn}\omega_{FOV,mn} + L_{K,mn}\omega_{K,mn} - L_S\omega_{HR} \tag{3.2.1}$$

mit den Strahldichten des Objekts $L_{O,mn}$, des Kamerainneren $L_{K,mn}$ und des Pixels L_S und den reduzierten Raumwinkeln des Objekts $\omega_{FOV,mn}$, des Kamerainneren $\omega_{K,mn}$ und des Pixels ω_{HR}, wobei ω_{HR} der reduzierte Raumwinkel des Halbraums ist:

$$\omega_{HR} = \pi\,. \tag{3.2.2}$$

Die Bestrahlungsstärke $L_{O,mn}\cdot\omega_{FOV,mn}$, die durch das Objekt erzeugt wird, berechnet sich mit den Gln. (2.4.1) und (3.1.6). Das Ergebnis einer Multiplikation von Gl. (3.2.1) mit der Spannungsempfindlichkeit R_V und der Pixelfläche A_P (Gl. (3.1.14) ist das sogenannte Rohbild:

$$U_{P,mn} = R_V E_{P,mn} A_P\,. \tag{3.2.3}$$

Da jedes Pixel aus dem gesamten Halbraum Strahlung detektiert, kann der reduzierte Raumwinkel der Kamerastrahlung aus dem des Objekts berechnet werden:

$$\omega_{K,mn} = \pi - \omega_{FOV,mn}\,. \tag{3.2.4}$$

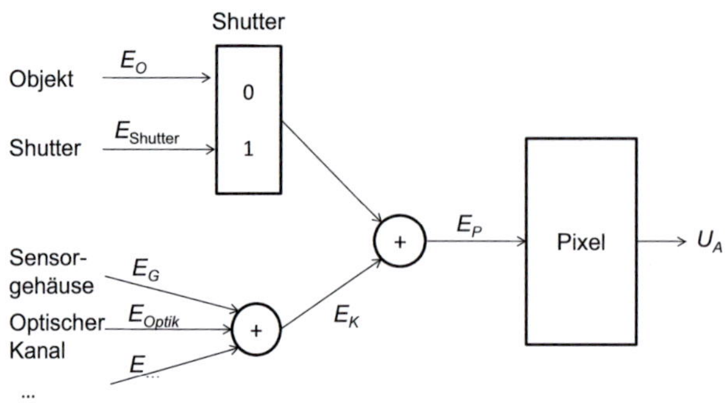

Bild 3.2.2: Bestrahlung eines Pixels.

Mit der Gl. (2.4.1) gilt für den reduzierten Raumwinkel eines Pixels zum Kamerainnenraum:

$$\omega_{K,mn} = \frac{\pi}{2}\left(1 + \frac{r^2 + f'^2 - r_O^2}{\sqrt{\left(r^2 + f'^2 + r_O^2\right)^2 - 4r^2 r_O^2}}\right), \tag{3.2.5}$$

wobei r in Gl. (3.1.7) gegeben ist (Bild 3.2.3).

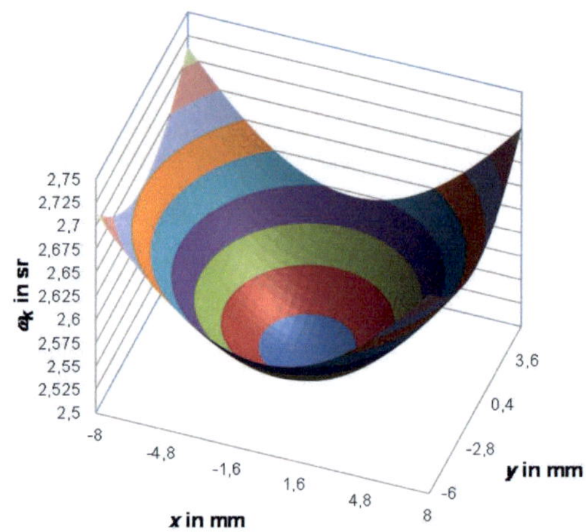

Bild 3.2.3: Reduzierter Raumwinkel eines Pixels zum Kamerainnenraum. Blendenzahl k = 1.

Der Vergleich der reduzierten Raumwinkel zum Objekt und zum Kamerainneren zeigt, dass der reduzierte Raumwinkel zum Messobjekt klein gegenüber dem zur Kamera ist. Für das Mittelpixel gilt (Blendenzahl $k = 1$):

$$\omega_{FOV} = \frac{1}{5}\pi \tag{3.2.6}$$

und

$$\omega_K = \frac{4}{5}\pi . \tag{3.2.7}$$

Das Mittelpixel empfängt also viermal so viel Strahlung vom Kamerainnenraum als vom Objekt! Bei außermittigen Pixeln wird das Verhältnis noch schlechter.

Um die Strahldichte L_O des Objekts aus Gl. (3.2.1) zu bestimmen, muss also die Strahldichte L_K des Kamerainnenraums bekannt sein. Da jedes Pixel unterschiedliche Elemente im Kamerainnerraum sieht, muss die Strahldichte L_K mit einem optischen Verschluss (Shutter) gemessen werden. Dazu wird der Shutter, der sich auf der Kameratemperatur ϑ_K befindet, geschlossen. Die Bestrahlungsstärke E_{Sh} bei geschlossenem Shutter ist

$$E_{Sh,mn} = \left(L_{Sh,mn} - L_S\right)\omega_{HR} . \tag{3.2.8}$$

Eine Multiplikation von Gl. (3.2.8) mit der Spannungsempfindlichkeit R_V und der Pixelfläche A_P ergibt das Shutterbild:

$$U_{Sh,mn} = R_V E_{Sh,mn} A_P . \tag{3.2.9}$$

Da die Sensortemperatur ϑ_C bekannt und konstant ist und die Bestrahlungsstärke $E_{Sh,mn}$ gemessen wird, kann aus Gl. (3.2.8) die Strahldichte $L_{Sh,mn}$ berechnet werden:

$$L_{Sh,mn} = \frac{E_{Sh,mn}}{\omega_{HR}} + L_S . \tag{3.2.10}$$

Die Subtraktion der Gln. (3.2.1) und (3.2.8) ergibt

$$E_{O,mn} = \left(L_{O,mn} - L_{Sh,mn}\right)\omega_{FOV,mn} \tag{3.2.11}$$

bzw. das IR-Bild mit den Spannungen U_O der Pixel (m, n):

$$U_{O,mn} = R_V E_{O,mn} A_P . \tag{3.2.12}$$

Da die Strahldichte $L_{Sh,mn}$ gemessen wurde, kann aus Gl. (3.2.11) die Strahldichte $L_{O,mn}$ des Objekts und damit letztendlich auch die Objekttemperatur T_O bestimmt werden (Abschnitte 9 und 10):

$$L_{O,mn} = \frac{E_{O,mn}}{\omega_{FOV,mn}} + L_{Sh,mn} . \tag{3.2.13}$$

Wie aus Gl. (3.2.13) ersichtlich wird, ist infolge des Shuttervorganges die Kenntnis der Sensortemperatur ϑ_C zur Berechnung der Objekttemperatur T_O nicht erforderlich. Bild 3.2.3 veranschaulicht das beschriebene Kameramodell.

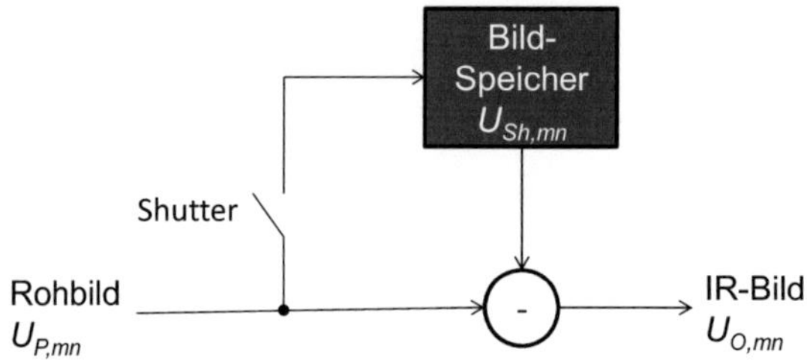

Bild 3.2.3: Erzeugung des IR-Bildes im Pixel (*mn*) mit Hilfe eines Shutters.

In den bisherigen Betrachtungen wurden für alle Pixel ein einheitlicher Gleichspannungsarbeitspunkt (Offset) und eine einheitliche Empfindlichkeit vorausgesetzt. Aufgrund der komplizierten Herstellungstechnologie ist das aber nicht der Fall. Während die Empfindlichkeit um maximal ±20 % schwanken kann, liegt die Abweichung des Offsets in der Größenordnung des Signals. Durch die großen Offsetdifferenzen zwischen den Pixeln ist im Rohbild oftmals kein Signal erkennbar. Diese Unterschiede werden durch eine konventionelle Zweipunktkorrektur, die ausführlich im Abschnitt 7 beschrieben wird, beseitigt (Gl. 7.3):

$$U_{O,mn} = \left(U_{P,mn} - U_{Sh,mn} - offset_{mn}\right) * gain_{mn} \qquad (3.2.14)$$

mit den pixelspezifischen Variablen der Zweipunktkorrektur $offset_{mn}$ und $gain_{mn}$. Dabei werden, um eine Rechenoperation pro Pixel zu sparen, die Offset- und Shutterkorrektur zusammengefasst. Nach der Zweipunktkorrektur erfolgt abschließend noch die Eliminierung von nicht funktionsfähigen „toten“ Pixeln (Abschnitt 8). Bild 3.2.4 zeigt das Kameramodell zur Berechnung des IR-Bildes (ohne Defektpixelkorrektur).

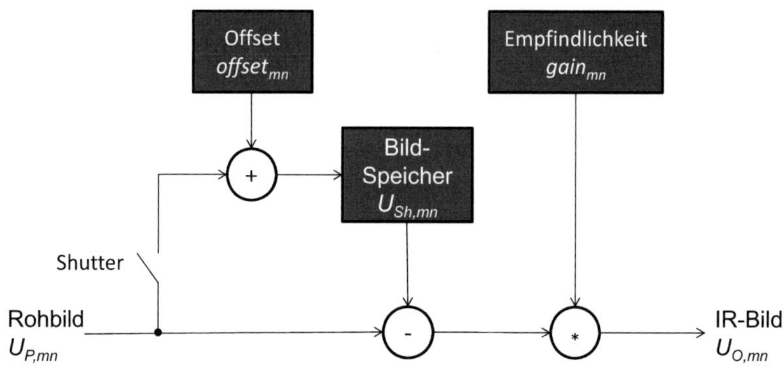

Bild 3.2.4: Berechnung des IR-Bildes im Pixel (*mn*) aus dem Rohbild.

3.3. Kameramodell ohne temperaturstabilisiertes Mikrobolometerarray

Moderne Mikrobolometerarrays enthalten im Vakuumgehäuse kein PELTIERelement. Sie werden nicht mehr auf eine konstante Temperatur stabilisiert, d.h. die Sensortemperatur ϑ_C ändert sich mit der Kameratemperatur ϑ_K. Da aber die Empfindlichkeit und der Arbeitspunkt (Offset) eines Pixels von der Sensortemperatur abhängen (Abschnitt 2.2), muss im Gegensatz zu temperaturstabilisierten Mikrobolometern die Sensortemperatur gemessen und im Kameramodell berücksichtigt werden.

Die Abhängigkeit des Offsets und der Empfindlichkeit eines Mikrobolometerarrays lässt sich ohne Kenntnisse der internen Signalverarbeitung nicht aus den physikalischen Eigenschaften eines Bolometerwiderstandes herleiten. Da die interne Signalverarbeitung eines Mikrobolometerarrays aus firmeninternen Geheimhaltungsgründen in der Regel im Detail nicht bekannt ist, muss das Array als Black Box angesehen werden. Allerdings wird von den Bolometerherstellern folgende Randbedingung genannt und garantiert:

- Die Temperaturabhängigkeit des Offsets und der Empfindlichkeit sind für alle Pixel gleich.

Außerdem gilt speziell für die untersuchten Mikrobolometerarrays der Firma ULIS /3.5/:

- Der Offset und die Empfindlichkeit hängen nur von der auf dem Mikrobolometer gemessenen Chiptemperatur, die der Sensortemperatur ϑ_C entspricht, und der Arbeitspunktspannung U_{SK} ab.
- Die Temperaturabhängigkeit des Offsets lässt sich mit einem Polynom 3. Ordnung und die Temperaturabhängigkeit der Empfindlichkeit mit einer quadratischen Gleichung beschreiben.

Die Empfindlichkeit und der Offset der Pixel müssen also mit Hilfe der Sensortemperatur ϑ_C korrigiert werden. Aus Gl. (3.2.14) folgt für die Pixelspannung:

$$U_{O,mn} = \left[U_{P,mn} - U_{Sh,mn} - offset_{mn}\right] * gain_{mn} / G_V\left(\vartheta_C\right) - O_V\left(\vartheta_C\right) \qquad (3.3.1)$$

mit

$$O_V\left(\vartheta_C\right) = o_3\vartheta_C^3 + o_2\vartheta_C^2 + o_1\vartheta_C + o_0\,, \qquad (3.3.2)$$

$$G_V\left(\vartheta_C\right) = g_2\vartheta_C^2 + g_1\vartheta_C + g_0 \qquad (3.3.3)$$

mit den Koeffizienten o_0, o_1, o_2, o_3 und g_0, g_1, g_2, die vom Arbeitspunkt der Mikrobolometer abhängen und messtechnisch bestimmt werden müssen (Bild 3.3.1). Aus der Pixelspannung $U_{O,mn}$ kann dann mit den Gln. (3.2.12) und (3.2.13) die Strahldichte im Objekt berechnet werden.

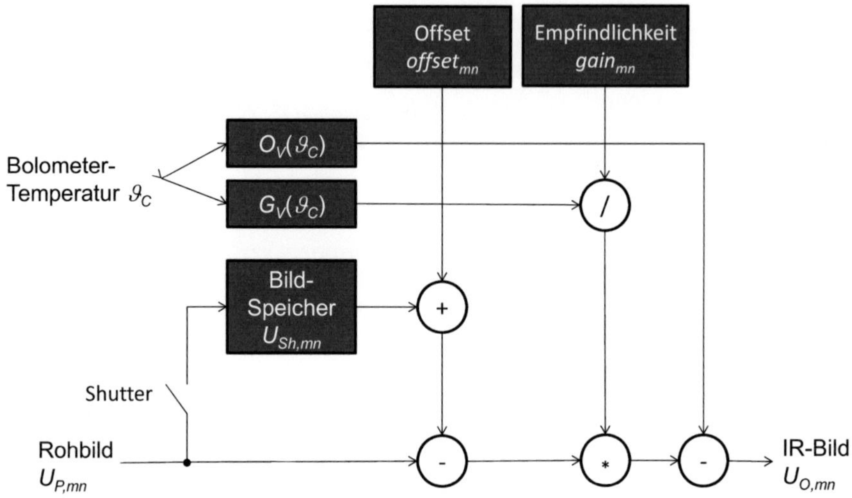

Bild 3.3.1: Berechnung des IR-Bildes bei TEC-losen Mikrobolometerarrays.

4. Geräte- und Messtechnik

Die zur radiometrischen Kalibrierung erforderlichen Daten werden durch Messung verschiedener Größen des Sensors (Mikrobolometerarray) und der IR-Kamera gewonnen. Die zu Grunde liegenden Messprinzipien sind ausführlich in /4.1/ bis /4.4/ dargestellt. Alle eingesetzten Messverfahren werden im Abschnitt 4.1 und die dazu verwendeten Messeinrichtungen im Abschnitt 4.2 beschrieben. Abschließend wird die für die Messungen genutzte IR-Kamera vorgestellt.

4.1. Messverfahren

Direkt gemessen wird die Ausgangsspannung der Pixel in Abhängigkeit von verschiedenen Einflussgrößen, wie Arbeitspunkt, Strahler-, Kamera- und Sensortemperatur. Aus den ermittelten Messwerten erfolgt die Berechnung der gesuchten Größen. Wie in der Bildverarbeitung üblich, werden die Ausgangsspannungen der Pixel in einheitenlosen Grauwerten U_D und die Effektivwerte der Rauschspannung in einheitenlosen Rauschwerten U_{DR} angegeben[2]. Ein Grauwert oder ein Rauschwert von Eins entspricht einer Quantisierungsstufe (LSB: Least Significant Bit) des eingesetzten ADUs. Je nach ADU-Typ liegen die LSBs zwischen 45 µV und 65 µV.

Abschnitt 4.1.1 erläutert zunächst die Messung der Grauwerte und deren Messabweichung. Abschnitt 4.1.2 stellt die eingesetzten schwarzen Strahler und deren Kennwerte vor. Die Messung weiterer Einflussgrößen, wie z.B. die Arbeitspunktspannung und die Umgebungstemperatur, erfolgte mit Standardmesssystemen (Digitalvoltmeter, Oszilloskop usw.) und wird nicht weiter erläutert.

4.1.1 Messung der Grauwerte

Ein Mikrobolometerarray besitzt einen integrierten Ausleseschaltkreis (ROIC) mit analogen und digitalen Komponenten (Bild 4.1.1). Im ROIC befinden sich

- die analogen Pixelelektronik (Bild 2.3.5),
- ein analoger Multiplexer,
- logische Schaltungen zur Steuerung der Analogelektronik und
- ein Temperatursensor.

Der digitalen Logik müssen neben einem Basistakt, der der Pixelfrequenz entspricht, ein Bildstartimpuls und ein Takt zur Steuerung der Integrationszeit zugeführt werden. Die Spannungsversorgung besteht aus analogen und digitalen Betriebsspannungen und zweier sensorspezifischer Arbeitspunktspannungen. Von denen bestimmt eine die Empfindlichkeit

[2] Grauwerte sind normalerweise ganze Zahlen. Durch Rechenschritte treten aber auch Nachkommastellen auf.

des Mikrobolometerarrays und wird vom Hersteller fest vorgegeben. Die andere beeinflusst den Pixeloffset und wird zur Einstellung des Arbeitspunktes verwendet (siehe Abschnitt 6).

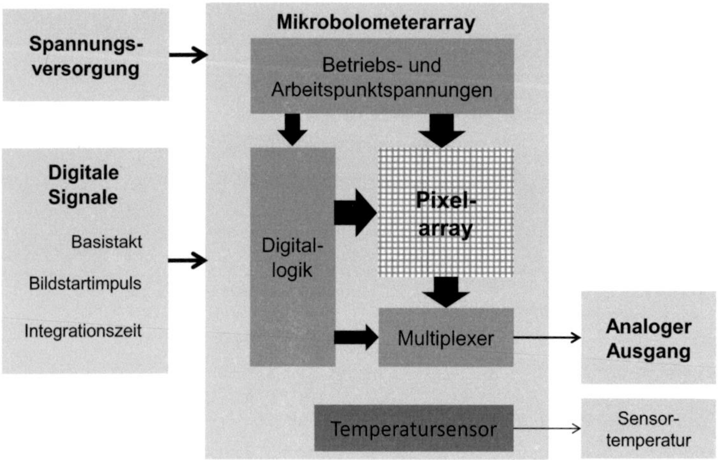

Bild 4.1.1: Grundprinzip der Mikrobolometerarrayelektronik.

Bild 4.1.2 beinhaltet das Blockschaltbild des Analogkanals der Sensorplatine. Das Ausgangssignal des Mikrobolometerarrays wird mit einem Vorverstärker ausgekoppelt. Zur Begrenzung der Rauschbandbreite und zur Unterdrückung von Störungen folgt ein Analogfilter (aktiver Tiefpass 2. Ordnung, Grenzfrequenz siehe Tabelle 4.1.1.). Abschließend wird das Signal an den Eingangsspannungsbereich des ADUs angepasst.

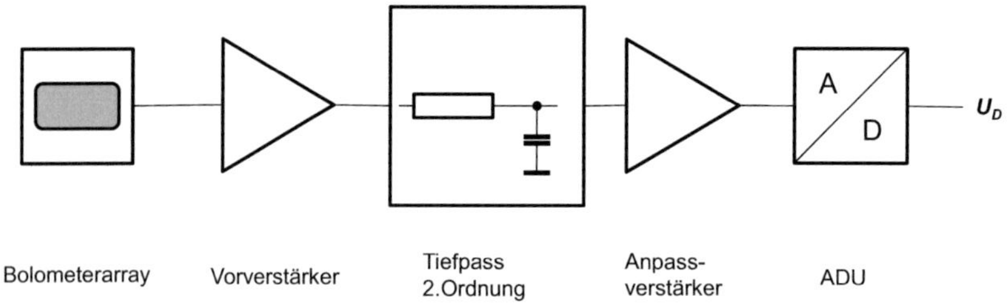

Bild 4.1.2: Analogkanal der Sensorplatine.

Das analoge Ausgangssignal des Sensorarrays ist eine Folge von Signalspannungen der einzelnen Pixel. Bild 4.1.3 zeigt das Oszillogramm eines Ausgangssignals. Die elektronische Abtastung des Pixels zur Verarbeitung seiner Signalspannung im ADU erfolgt auf einem kleinen Plateau im letzten Drittel des Pixels (Abtastzeit ca. 10 ns). Die Pixelfrequenz hängt vom Arrayformat ab (Tabelle 4.1.1). Um das erforderliche Taktregime des ROICs zu erzeugen, sind mehr Takte, als das Array Zeilen und Spalten hat, erforderlich (elektronisches Array). Das führt zu einer Erhöhung der Pixelfrequenz. Im Ausgangssignal entsteht dadurch eine Lücke zwischen zwei Sensorzeilen, was im Bild 4.1.3 gut zu erkennen ist.

Bei den eingesetzten Mikrobolometerarrays beträgt die typische Rauschspannung $U_R \approx 500\ \mu V$ (Rauschwert ≈ 10) und der zur Verfügung stehende Aussteuerbereich

U_{max} = 3 V. Das ergibt einen Dynamikbereich von 76 dB. Um auch die Rauschspannung messen zu können, werden ADUs mit einem Dynamikbereich von ca. 96 dB eingesetzt (16 bit-ADU). Die Spanne der Grauwerte (maximal mögliches Signal) ist dann 2^{16}= 65536 und der Wertebereich beträgt ±32768.

Tabelle 4.1.1: Pixelfrequenz und erforderliche analoge Bandbreite für verschiedene Bildformate.

Format	Aktives Array	Elektronisches Array	Bildfrequenz	Pixelfrequenz	Grenzfrequenz des Tiefpasses
QVGA	384 x 288	400 x 289	50 Hz	5,780 MHz	12 MHz
VGA	640 x 480	648 x 481	50 Hz	15,585 MHz	25 MHz
XGA	1024 x 768	1032 x 769	25 Hz	19,840 MHz	35 MHz

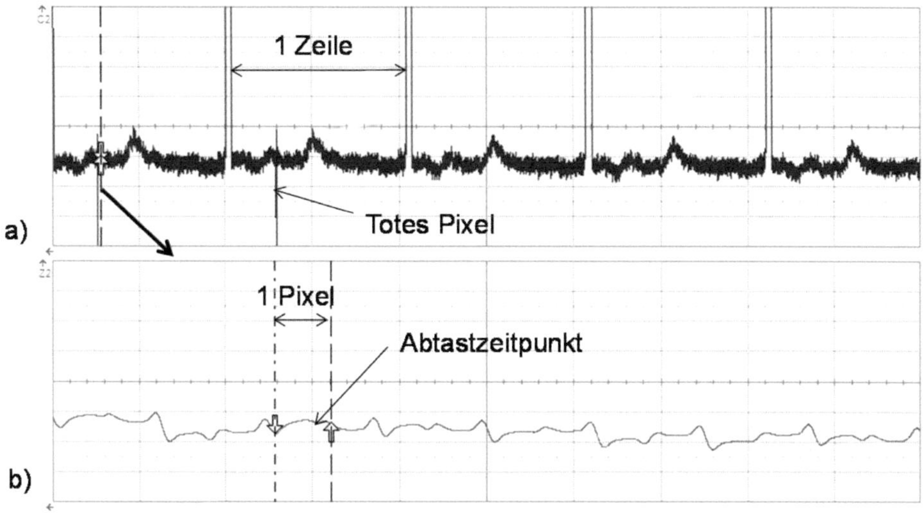

Bild 4.1.3: Oszillogramm des analogen Ausgangssignals eines Mikrobolometerarrays. a) Ausschnitt mit 5 Zeilen (x = 20 µs/Teilstrich, y = 100mV/Teilstrich); b) in a) oben links markierter Ausschnitt (x = 100ns/Teilstrich, y = 50mV/Teilstrich). VGA-Array Z1003010; Bildfrequenz f_B = 50 Hz.

Die Messabweichungen, wie z.B. Eigenrauschen, der ADUs und Operationsverstärker sind laut Datenblätter sehr viel kleiner als das Rauschen der Mikrobolometerarrays und können deshalb vernachlässigt werden. Bestimmende Messabweichung der Grauwerte ist also das Rauschen der Mikrobolometerpixel. Bild 4.1.4 zeigt die gemessenen Grauwerte eines Pixels und ein daraus erstelltes Histogramm. Die Grauwerte sind annähernd normalverteilt. Die Rauschwerte müssen für alle Pixel eines Arrays gemessen werden (Bild 4.1.5). Für den Betrachter eines Thermobildes erscheint das Rauschen der Pixel als räumliches Rauschen. Der für ein Mikrobolometerarray angegebene Rauschwert ergibt sich als Mittel der Rauschwerte aller Pixel. Die Standardabweichung der Rauschwerte über das Array entspricht dem sogenannten räumlichen Rauschwert.

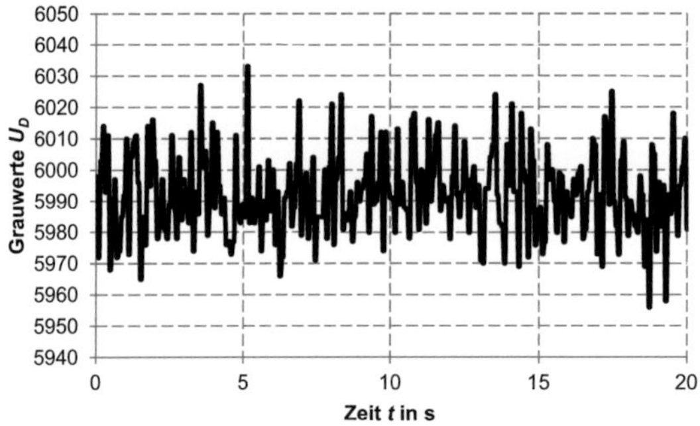

a)

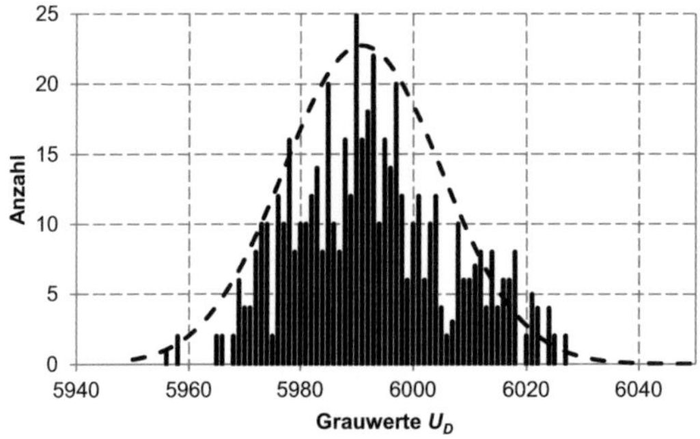

b)

Bild 4.1.4: a) Zeitverlauf und b) Histogramm der Grauwerte U_D des Pixels (512, 368) des Mikrobolometerarrays X58455005; Bildfrequenz f_B = 25 Hz; 512 Werte; gestrichelte Linie: Normalverteilung mit μ = 5991 und σ = 13,9.

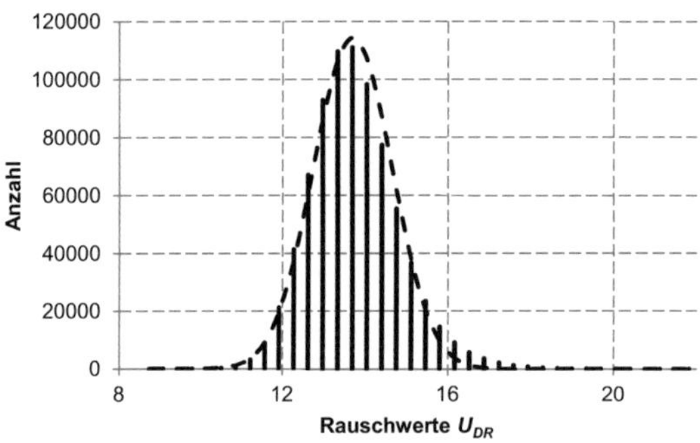

Bild 4.1.5: Histogramm der Rauschwerte U_{DR} aller Pixel des Mikrobolometerarrays X58455005 (räumliches Rauschen). Bildfrequenz f_B = 25 Hz; 1024 x 768 = 786432 Werte; gestrichelte Linie: Normalverteilung mit μ = 13,9 und σ = 0,95.

Bei mehrfacher Wiederholung der Rauschmessung eines Mikrobolometerarrays variieren die Messwerte (Bild 4.1.6), wobei einige Messungen deutlich erhöhte Rauschwerte ergeben (Ausreißer). Ursache dafür sind z.B. elektromagnetische Störungen durch die Umgebung. Diese Störungen sind häufig schon im Histogramm der Rauschwerte aller Pixel eines

Mikrobolometerarrays erkennbar (deutliche Abweichung von der Glockenkurve). Diese Messungen werden verworfen. Daraus folgt, dass man immer mehrere Rauschmessungen durchführen und dann den Mittelwert μ bzw. den Median m bilden sollte.

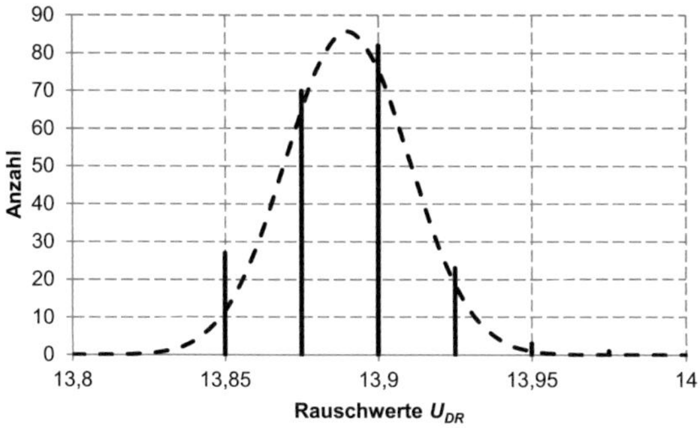

Bild 4.1.6: Histogramm der mittleren Rauschwerte eines Mikrobolometerarrays bei 205 aufeinanderfolgenden Rauschmessungen. Array X58455005; Bildfrequenz f_B = 25 Hz; Messung aller 10 s; m = 13,87; μ = 13,88; σ = 0,02; gestrichelte Linie: Normalverteilung mit μ = 13,88 und σ = 0,02.

Der TEC-lose Betrieb der Mikrobolometerarrays führt bei einer Änderung der Umgebungstemperatur zu einer Änderung der Sensortemperatur und damit auch der Sensorparameter, wie Empfindlichkeit und Rauschspannung. Bild 4.1.7 zeigt die mittleren Rauschwerte in Abhängigkeit von der Sensortemperatur. Zusätzlich sind in Bild 4.1.7 die Standardabweichung der Rauschwerte über dem Array (räumliches Rauschen) angegeben. Zeitliches und räumliches Rauschen, aber auch deren Spannweiten, nehmen mit steigender Temperatur deutlich zu.

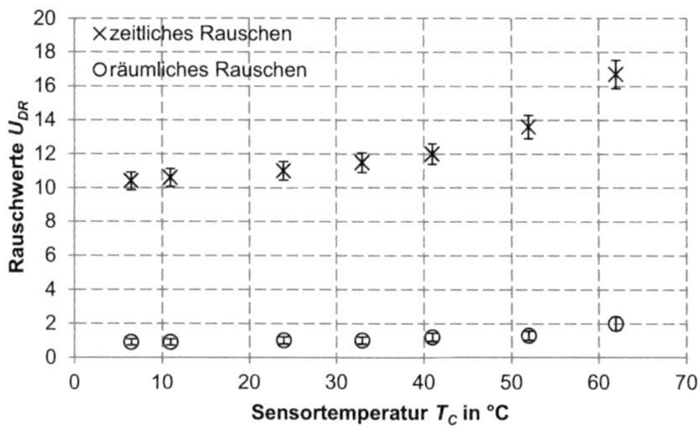

Bild 4.1.7: Rauschwerte in Abhängigkeit von der Sensortemperatur des TEC-losen Mikrobolometerarrays Z890790-33. Bildfrequenz f_B = 50 Hz; Toleranzindikatoren: Spannweite der jeweiligen Messung.

Die beschriebenen mittleren Rauschwerte U_{DR} stellen die Messabweichung der Pixelwerte dar. Eine Verringerung der Messabweichung lässt sich durch eine Mittelwertbildung mehrerer aufeinanderfolgender Bilder (zeitliche Mittelwertbildung, Averaging oder Akkumulieren) erreichen. Unter der Annahme von normalverteiltem Rauschen verringert sich die Messabweichung dann um die Wurzel der Anzahl A der Mittelungen:

$$U_{DRA} = \frac{1}{\sqrt{A}} U_{DR} \,. \qquad (4.1.1)$$

Da die Rauschwerte nicht ideal normalverteilt sind (Bild 4.1.6), weichen die Messungen (Bild 4.1.8) etwas von Gl. (4.1.1) ab.

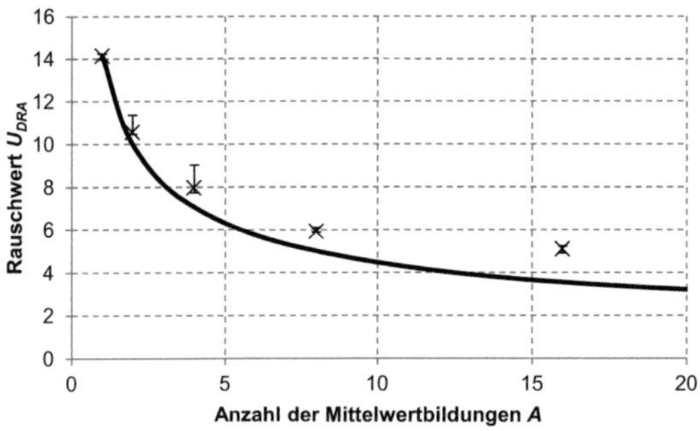

Bild 4.1.8: Verringerung der Rauschwerte durch Mittelwertbildung. Array X58455005; Bildfrequenz f_B = 25 Hz; Linie: theoretische Werte nach Gl. (4.1.1); Kreuze: Median aus 8 Messungen; Toleranzindikatoren: Spannweite der jeweiligen Messung.

4.1.2 Schwarze Strahler

Das Eingangssignal eines Mikrobolometerarrays ist die Summe aus der IR-Strahlung der abgebildeten Szene und der Eigenstrahlung der Kamera (Abschnitt 3). Zur Kalibrierung wird die abgebildete Szene aus schwarzen Strahlern gebildet und ist damit eine bekannte Größe. Aus der Strahlertemperatur ϑ_{BB} wird mit Hilfe des PLANCKschen Strahlungsgesetzes (Gl. (3.1.3)) der Strahlungsfluss berechnet. Es können drei Arten von Messabweichungen unterschieden werden:

- absolute Messabweichung: Abweichung der mittleren Strahlertemperatur von der absoluten Temperatur,
- zeitliche Messabweichung: zeitliche Schwankung der Strahlertemperatur und
- räumliche Messabweichung: Schwankung der Strahlertemperatur über der Strahlerfläche.

Die absolute Messabweichung wird mit Hilfe von kalibrierten Pyrometern bestimmt und ist nur bei der radiometrischen Kalibrierung von Interesse. Die zeitliche Messabweichung entsteht durch die Regelcharakteristik der Strahlerelektronik und beeinflusst alle Messungen. Die typische Periodendauer der zeitlichen Strahlertemperaturänderung infolge der internen Temperaturregelung beträgt mehrere Minuten. Die Ursache dafür liegt in der hohen Wärmekapazität der Strahler. Um eine Drift der Strahlertemperatur durch eine Änderung der Raumtemperatur zu vermeiden, muss das Messlabor klimatisiert sein. Die räumliche

Abweichung ist zeitlich konstant, hängt aber von der Strahlertemperatur ab (systematische Messabweichung).

Zur Kalibrierung der IR-Kameras kommen Flächenstrahler und sogenannte Prüfstrahler zum Einsatz.

Flächenstrahler (Bilder 4.1.9a und 4.1.10a) dienen vorrangig zur Korrektur der Ungleichförmigkeit. Daher ist hier die Verteilung der Temperatur über der Strahlerfläche besonders interessant (Bilder 4.1.8b und 4.1.9b). Die relativ große räumliche Temperaturabweichung wird durch das verwendete Messprinzip ausgeglichen. In Tabelle 4.1.1 sind die wichtigsten technischen Parameter der beiden in dieser Arbeit eingesetzten Flächenstrahler angegeben.

Tabelle 4.1.1: Technische Daten der in den Experimenten verwendeten Flächenstrahler.

Strahlertyp	Wasserbadstrahler	RCN300
Hersteller	Eigenbau	Ingenierie Systemes Infrarouges (Frankreich)
Temperaturbereich	0 °C bis 90 °C	40 °C bis 350 °C
Funktionsprinzip	Wasserbassin mit Rührthermostat und Umlaufkühler	Elektrische Heizplatten
Fläche	350 x 350 mm^2	300 x 300 mm^2
Oberfläche	Pyramidenstruktur	Pyramidenstruktur
Emissionsgrad	> 0,95	> 0,95
Zeitliche Messabweichung	± 0,4 K	± 0,4 K
Räumliche Messabweichung	± 2 K	± 2 K

Prüfstrahler sind typischerweise kleinflächige IR-Strahler (Tabelle 4.1.2). Sie dienen vorrangig zur radiometrischen Kalibrierung. Die jeweils eingestellte Temperatur muss mit einem Präzisionspyrometer gemessen und überwacht werden (Tabelle 4.1.3 und Bild 4.1.9 a), dessen Messunsicherheit dann für die Kalibrierung der absoluten Messabweichung bestimmend ist.

Bei der Strahlertemperaturmessung wurde am Präzisionspyrometer ein Emissionsgrad von $\varepsilon = 0{,}98$ eingestellt. Eventuelle Abweichungen des realen Emissionsgrades der verwendeten Strahler müssen in der Messunsicherheit der Strahlertemperaturmessung berücksichtigt werden. Sie liegen aber deutlich unterhalb der in Tabelle 4.1.3 angegebenen Messunsicherheit von 1 % des Messwertes in °C bzw. mindestens 1K.

a)

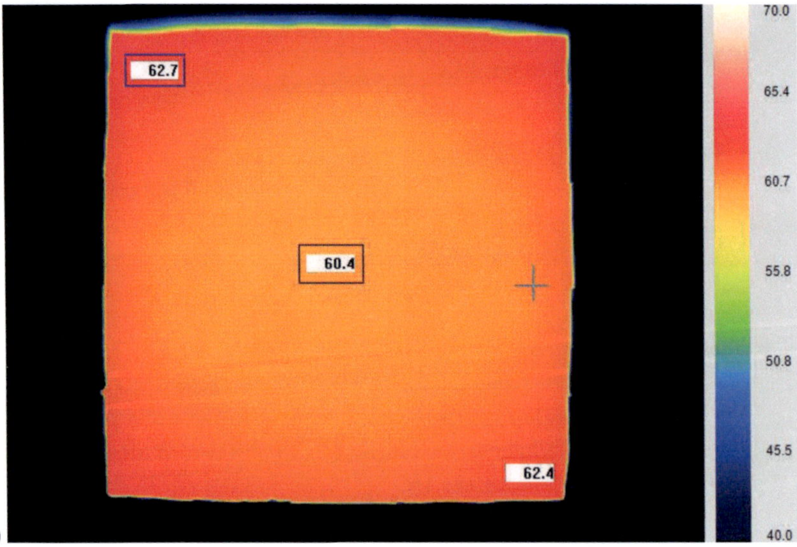

b)

Bild 4.1.9: Wasserbadstrahler von Tabelle 4.1.1 mit davorstehendem Präzisionspyrometer. a) Anordnung; b) Thermobild bei 60 °C. Temperaturangabe der markierten Bereiche im Thermobild in °C.

a)

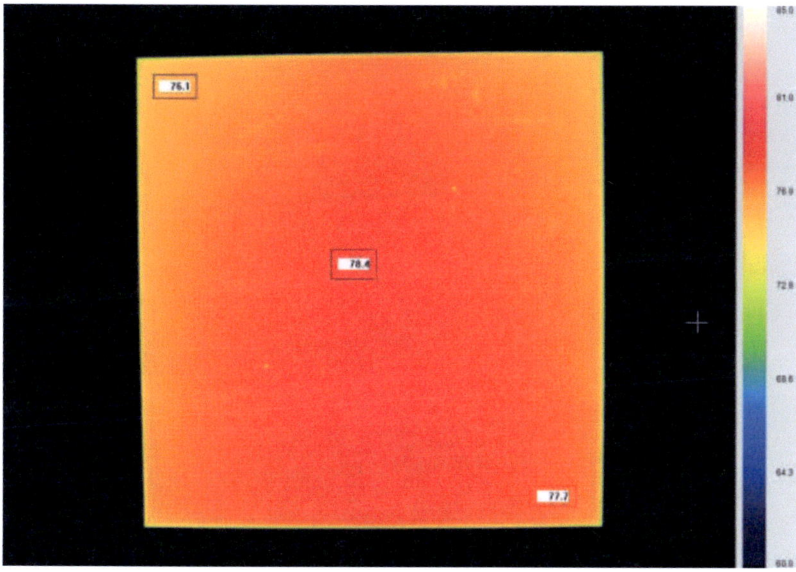

b)

Bild 4.1.10: Flächenstrahler RCN 300 von Tabelle 4.1.1. a) Anordnung; b) Thermobild bei 80 °C; Temperaturangabe der markierten Bereiche im Thermobild in °C.

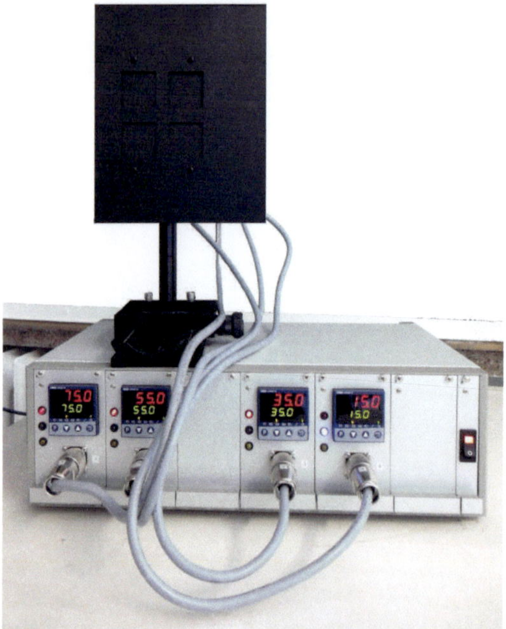
a)

b)

Bild 4.1.11: Vierfachstrahler stehend auf seinem Steuergerät. a) Anordnung und b) Thermobild der Strahlerflächen. Temperaturangabe der markierten Bereiche im Thermobild in °C.

Bild 4.1.11 zeigt den Vierfachstrahler. Die Temperaturen der einzelnen Strahlerflächen sind unabhängig voneinander wählbar. Die Frontblende kann als fünfter Strahler verwendet werden. Der Boxstrahler wird im Zusammenhang mit seinem Einsatz im Abschnitt 4.2.1 (Bild 4.2.1) beschrieben.

Tabelle 4.1.2: Technische Daten der in dieser Arbeit verwendeten Prüfstrahler.

Strahlertyp	PS80	Vierfachstrahler	Boxstrahler
Hersteller	DIAS Infrared GmbH	Eigenbau	Eigenbau
Temperaturbereich	-10 bis 80 °C	0 bis 120 °C	15 bis 50 °C
Funktionsprinzip	PELTIERelement	PELTIERelement	PELTIERelement
Fläche	Ø 65 mm	4 x (35 x 35mm^2)	Ø 100 mm
Emissionsgrad	> 0,95	> 0,95	> 0,95
Maximale zeitliche Messabweichung	± 0,4 K	± 0,4 K	± 0,4 K
Maximaler räumliche Messabweichung	± 0,5 K	± 0,5 K	± 1 K

Tabelle 4.1.3: Technische Daten des Präzisionspyrometers.

Typ	Pyrospot DT 40 L
Hersteller	DIAS Infrared GmbH
Messtemperaturbereich	-40 ... 1000 °C
Spektralbereich	8 ... 14 µm
Einstellzeit	min. 60 ms
Messunsicherheit	1 % vom Messwert in °C, aber min. 1 K
Wiederholbarkeit	0,5 % vom Messwert in °C, aber min. 0,5 K
Messfleck	Ø2 mm bei 100 mm Entfernung

Zur Kalibrierung von TEC-losen Mikrobolometerarrays sind sehr lange Messzeiten von mehr als 4 h erforderlich (Abschnitt 7.2). Während dieser Zeit müssen die Prüfstrahler eine möglichst konstante Oberflächentemperatur aufweisen. Bild 4.1.12 zeigt den Temperaturverlauf einer Strahlerfläche des Vierfachstrahlers bei annähernd konstanter Raumtemperatur (24 °C ± 2K). Die Messung startete 45 Minuten nach dem Einschalten der Geräte. Der Einschwingvorgang dauerte weitere ca. 60 Minuten. Danach ist eine sehr gute Stabilität der Strahlertemperatur von ± 0,1K vorhanden.

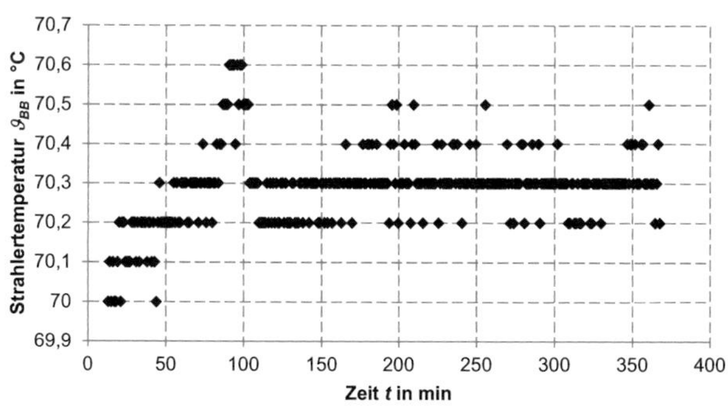

Bild 4.1.12: Temperaturverlauf einer Strahlerfläche des Vierfachstrahlers. Messung aller 60 s mit Präzisionspyrometer DT40L; Messzeit ca. 6 h; μ = 70,3 °C; σ = 0,1 K.

4.2. Messeinrichtungen

Zur Messung der zur Kalibrierung notwendigen Größen wurden drei verschiedene Messeinrichtungen (Messplätze) aufgebaut:

- Sensormessplatz (Abschnitt 4.2.1),
- optischer Messplatz (Abschnitt 4.2.2) und
- Temperaturschrankmessplatz (Abschnitt 4.2.3).

Der Aufbau der Messplätze gestattet eine flexible Anpassung an unterschiedliche Messaufgaben. Hier sollen nur die Standardkonfigurationen zur Kalibrierung von ungekühlten Kameras betrachtet werden, die in dieser Arbeit eingesetzt wurden. Die Aufnahme und Auswertung der Messdaten sowie die Steuerung der Messplätze erfolgt mit Personalcomputern (PC). Die dazu entwickelte Software wird abschließend im Abschnitt 4.2.4 erläutert.

4.2.1. Sensormessplatz

Der Sensormessplatz dient zur Messung der Parameter Offset und Empfindlichkeit in Abhängigkeit von der Sensortemperatur und dem Arbeitspunkt TEC-loser Mikrobolometerarrays. Bild 4.2.1 zeigt das Prinzip des Messplatzes.

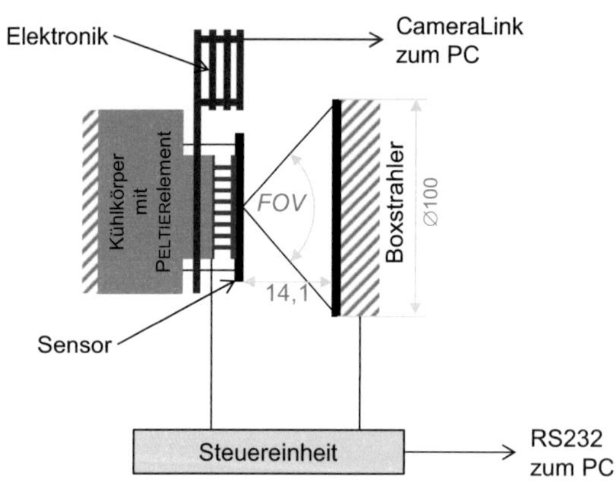

Bild 4.2.1: Aufbau des Messplatzes zur Messung der Sensorparameter (nicht maßstabgerecht).

Der Sensormessplatz besteht aus einem Sensormodul (Sensorelektronik, PELTIER-Baugruppe), dem bereits beschriebenen Boxstrahler von Tabelle 4.1.2 und einer Steuereinheit für das PELTIERelement und den Strahler. Das Mikrobolometerarray wird mit einem PELTIERelement auf die gewünschte Temperatur zwischen 5 °C und 70 °C temperiert. Die Einstellung dieser Temperatur erfolgt direkt aus dem Messprogramm heraus. Die Sensorelektronik entspricht mit Ausnahme der Analogplatine der Kameraelektronik. Diese wurde speziell an die geometrischen Verhältnisse des Sensormessplatzes angepasst. Die Steuereinheit beinhaltet die Stromversorgung und den Temperaturregler für den Boxstrahler. Die einstellbaren

Strahlertemperaturen liegen zwischen 15 °C und 50 °C. Der Öffnungswinkel *FOV* der TEC-losen Mikrobolometerarrays beträgt ca. 165°. Durch die Größe des Boxstrahlers wird der FOV auf 148,5° begrenzt. Experimente zeigten aber, dass die Sensoren bei Einfallswinkeln von mehr als 70° kein Signal mehr detektieren. Der Boxstrahler stellt somit die gesamte Halbraumstrahlung für den Sensor bereit.

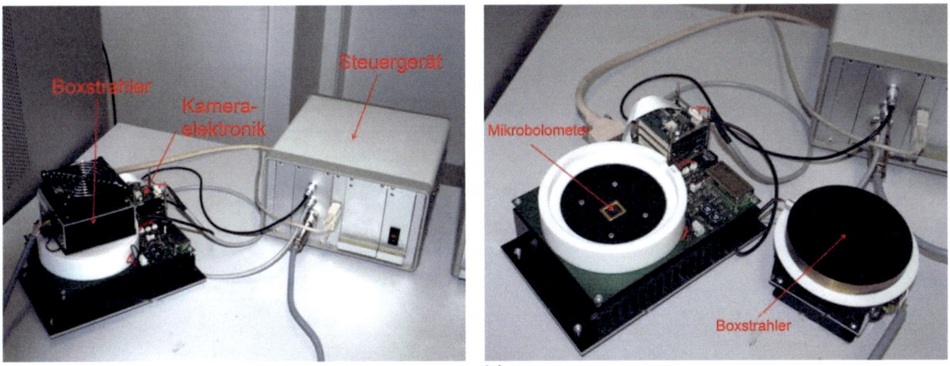

a) b)

Bild 4.2.1: Sensormessplatz a) während einer Messung und b) mit abgenommenem Strahler.

4.2.2. Optischer Messplatz

Der optische Messplatz dient zur Bestimmung der Koeffizienten der Zweipunktkorrektur, zur Überprüfung der Kalibrierung und für allgemeine Messaufgaben. Er besteht aus einem Flächenstrahler, verschiedenen Blenden und einer IR-Kamera (Bild 4.2.2 und 4.2.3).

Durch einen variablen Aufbau des optischen Messplatzes können verschiedenste Messaufgaben erledigt werden. Dazu gehören z.B.

- die Messung der räumlichen Auflösung (Modulationsübertragungsfunktion *MTF*);
- die Bestimmung der Signalübertragungsfunktion *SiTF*;
- die Messung der Temperaturauflösung *NETD* und
- die Messung der Zeitkonstante.

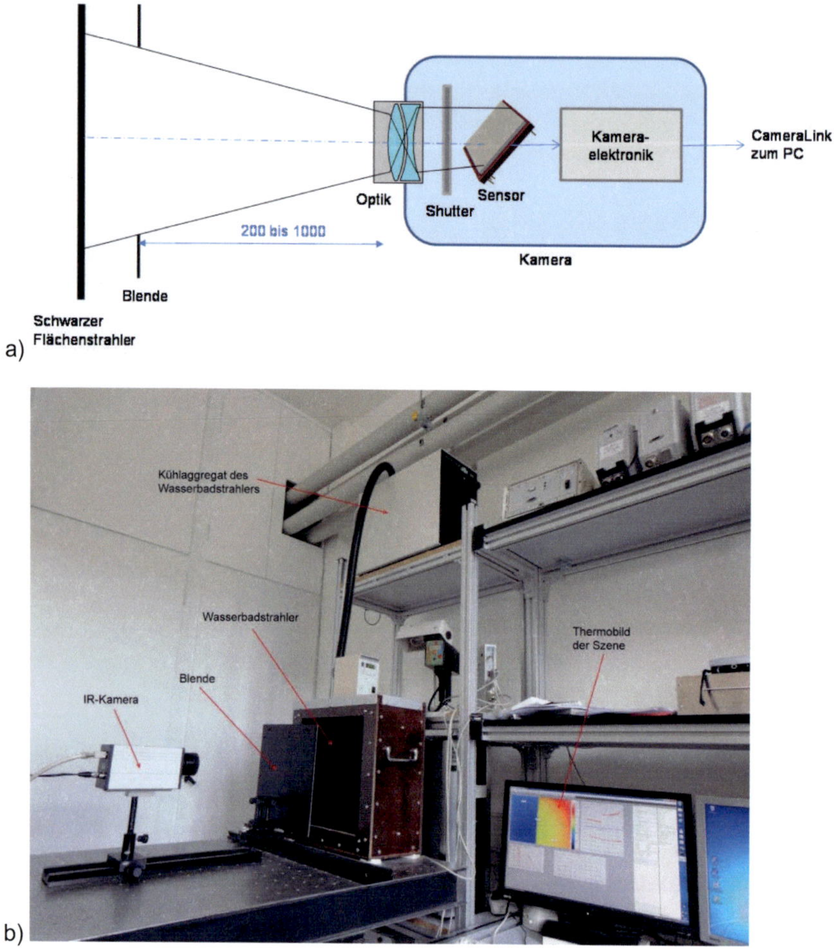

Bild 4.2.2: Optischer Messplatz. a) Aufbau und b) Ansicht.

4.2.3. Temperaturschrankmessplatz

Der Temperaturschrankmessplatz wird für alle Messungen verwendet, bei denen entweder eine konstante Umgebungstemperatur erforderlich ist oder die Umgebungstemperatur definiert geändert werden muss, beispielsweise bei der Umgebungstemperaturkorrektur (Abschnitt 9). Dazu wird die IR-Kamera in einen Temperaturschrank eingebaut (Bild 4.2.3). Durch eine Öffnung im Temperaturschrank sieht die Kamera auf einen schwarzen Strahler, z.B. den Vierfachstrahler von Bild 4.1.10. Da sich der Strahler außerhalb der Messkammer befindet, herrschen konstante Umgebungsbedingungen, wodurch die maximalen Messabweichungen von ± 0,4K eingehalten werden können. Außerdem lässt sich die Szene beliebig gestalten.

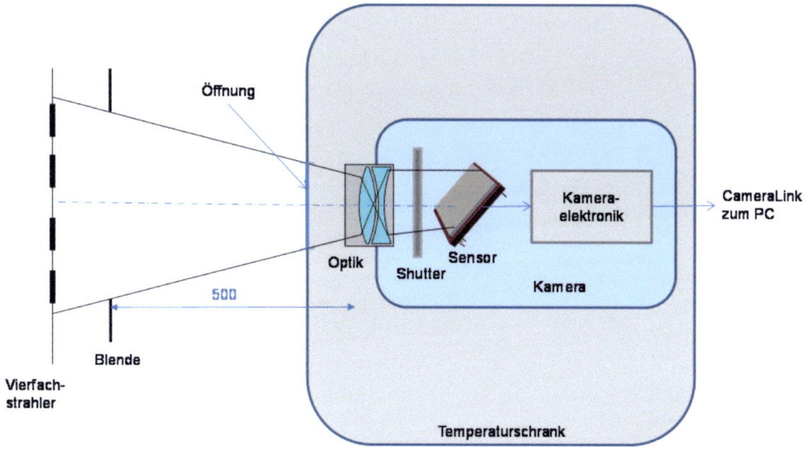

a)

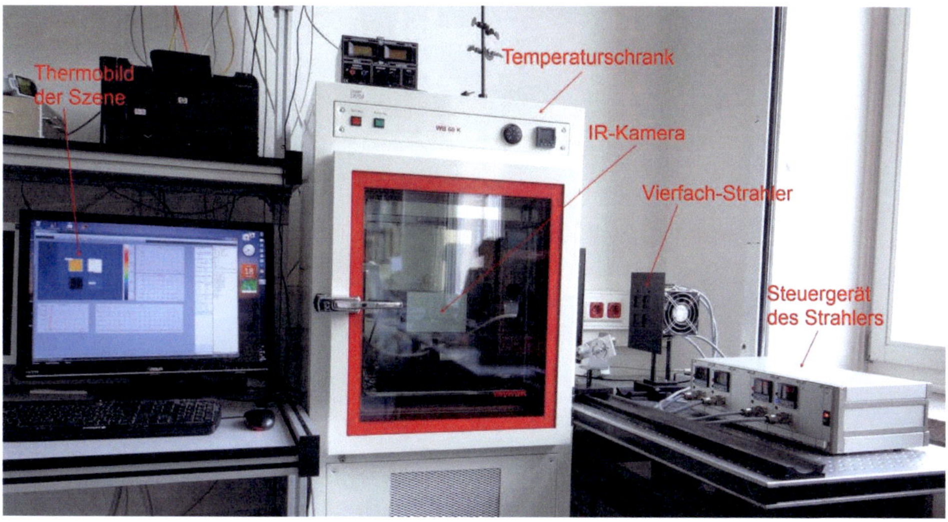

b)

Bild 4.2.3: Temperaturschrankmessplatz. a) Prinzip und b) Ansicht.

Von großer Bedeutung ist die Konstanz der Temperatur ϑ_M in der Messkammer, die der Umgebungstemperatur ϑ_U der Kamera entspricht. Die zeitliche Abweichung in der Messkammer beträgt ± 0,1 K. Bei einem Temperaturwechsel ist der Anstieg bzw. Abfall der Temperatur wichtig. Bild 4.2.4 zeigt die aufgenommene Messkammertemperatur bei einem Temperaturwechsel von 20 °C auf 40 °C und zurück auf 20 °C. Die gemessenen Werte weichen von den vorgegebenen Werten leicht ab (Isttemperaturen von 19,7 °C bzw. 39,7 °C bei Solltemperaturen von 20 °C bzw. 40 °C). Der Anstieg bzw. der Abfall der Temperatur beträgt im linearen Bereich 4,5 K/min bzw. 3,6 K/min. Einen Einfluss der Öffnung im Temperaturschrank auf die Messkammertemperatur konnte nicht festgestellt werden. Durch die starke Umluft in der Messkammer kann die Temperaturverteilung im Innern als homogen angenommen werden.

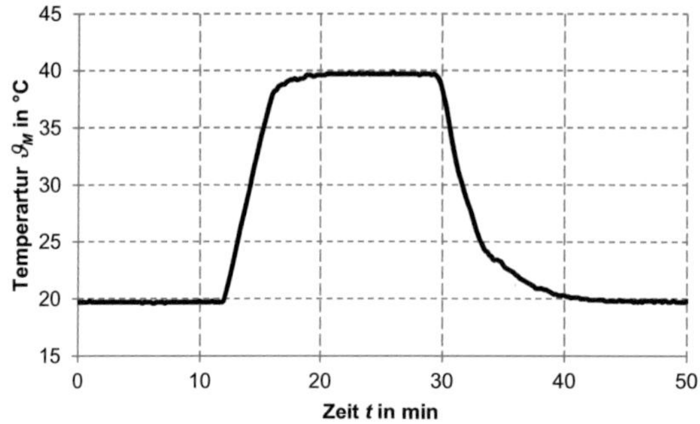

Bild 4.2.4: Messkammertemperatur ϑ_M bei einem Temperaturwechsel. Messung aller 10 s; Messabweichung ± 0,1 K.

4.2.4. Software

Die vom Autor entwickelte Software (Messprogramm) dient zur Aufnahme der Bilddaten sowie zur Steuerung der IR-Kamera. Außerdem sind einige Signalverarbeitungsalgorithmen in Echtzeit implementiert und können bei Bedarf genutzt werden. Dazu zählen u.a.:

- alle in dieser Arbeit vorgestellten Korrektur- und Kalibrieralgorithmen (Ein- und Zweipunktkorrektur, Kalibrierung nach PLANCK usw.),
- Mittelwertbildung aufeinander folgender Bilder (Akkumulation),
- Ermittlung der Standardabweichung (Rauschmessung),
- Algorithmen zur Bildverbesserung (Medianfilter, WIENER-Filter) und
- statistische Bildauswertung (Histogramm).

Auf allen Messplätzen kommt die gleiche Software zum Einsatz (Bild 4.2.5). Neben dem Thermobild werden dessen Histogramm und die durch den Cursor ausgewählten Zeilen und Spalten in Diagrammen in Echtzeit dargestellt. Zusätzlich können in einem Diagramm (rechts unten) ausgewählte Daten, wie zeitlicher Verlauf eines Pixels oder einer Pixelregion (Region of Interest ROI) oder die Kameratemperatur aufgezeichnen werden. In dem rechtsseitigen Paneel (ControlCenter) werden alle wichtigen Einstellungen angezeigt, wobei man diese direkt editieren kann. Das untere Fenster (Output) informiert über alle durchgeführten Bedienaktionen und Meldungen des Programms.

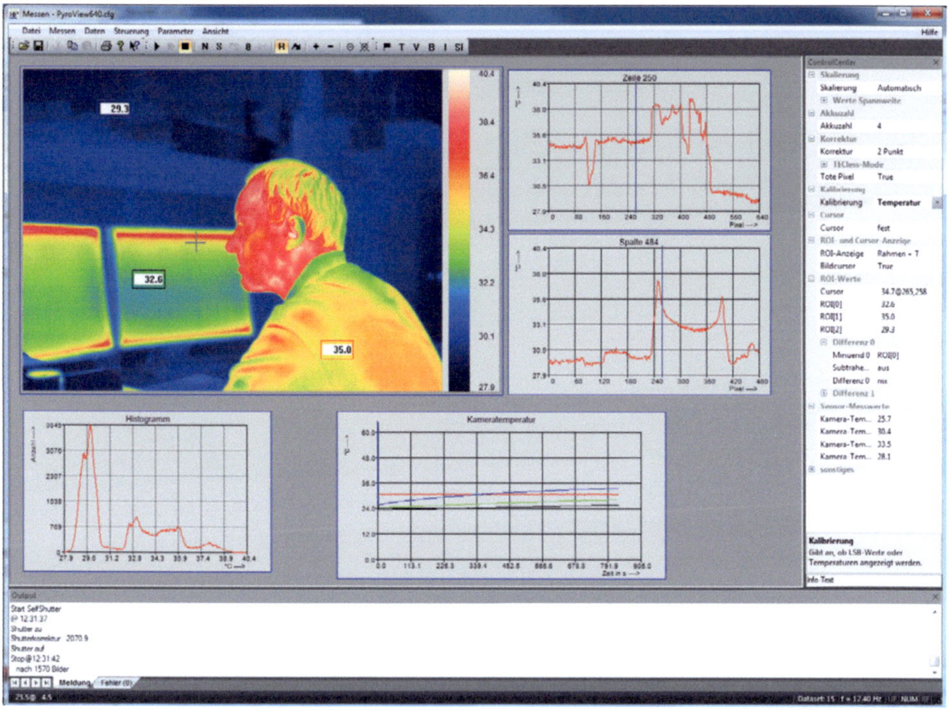

Bild 4.2.5: Momentaufnahme der Oberfläche des Messprogramms.

4.3. IR-Kamera

Für die Kalibrieruntersuchungen wurde eine spezielle IR-Kamera entwickelt (Bild 4.3.1). Sie basiert auf der Kameraserie PYROVIEW (DIAS Infrared GmbH Dresden). Von dieser Kameraserie wurden die komplette Mechanik (Frontplatte, Shutter, Gehäuse), die Optik sowie einige Elektronikbaugruppen (Spannungsversorgungsplatine, Filterplatine zur Realisierung der elektromagnetischen Verträglichkeit (EMV) und TEC-Platine) übernommen. Die Sensorplatine mit der sensornahen Elektronik wurde für die unterschiedlichen Mikrobolometerarrays neu entwickelt, ebenso eine spezielle Prozessorplatine mit Mikrokontroller und CameraLink®-Schnittstelle /4.5/ zur Kopplung der IR-Kamera an einen PC.

Bild 4.3.1 zeigt das Blockschaltbild der Kameraelektronik. Zur Ansteuerung der Mikrobolometerarrays sind verschiedene Takt- und Gleichspannungen erforderlich. Da einige Gleichspannungen sensorspezifisch sind und gegebenenfalls bei der Kalibrierung geändert werden müssen, können sie über digitale Potentiometer (Block DC in Bild 4.3.1) eingestellt werden. Die komplette Digitallogik inklusive des Mikrokontrollers ist in einem FPGA (Field Programmable Gate Array) untergebracht. Neben der Temperatur des Mikrobolometerarrays werden drei weitere Temperaturen im Inneren der IR-Kamera erfasst:

- am optischen Verschluss (Shutter),
- an der Optik und
- an der Frontplatte (Gehäusetemperatur).

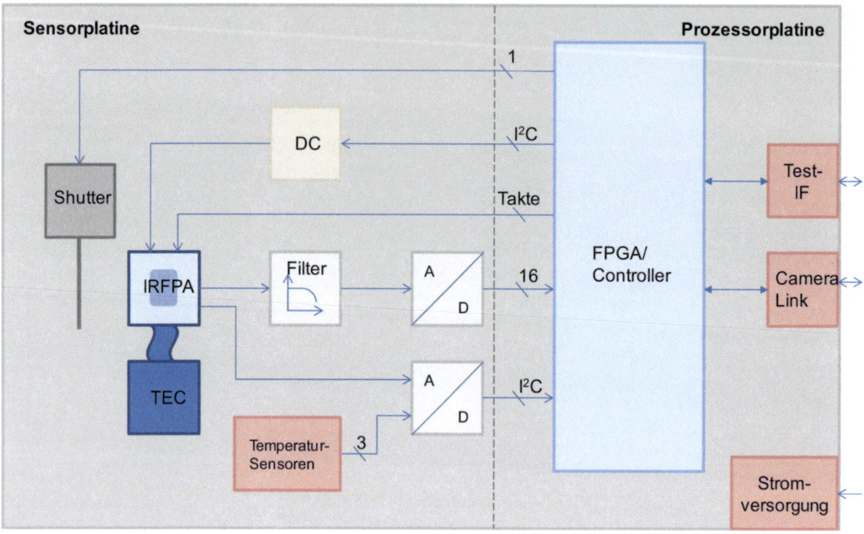

Bild 4.3.1: Blockschaltbild der Elektronik der für die Untersuchungen verwendeten IR-Kamera.

Der Analogkanal wurde bereits ausführlich im Abschnitt 4.1.1 beschrieben. Bild 4.3.2a zeigt eine Sensorplatine mit einem TEC-losen VGA-Mikrobolometerarray. Im Bild 4.3.2b ist diese Sensorplatine mit der Frontplatte verbunden. Außerdem wurde in diesem Bild die Lage der Temperatursensoren eingezeichnet.

a)

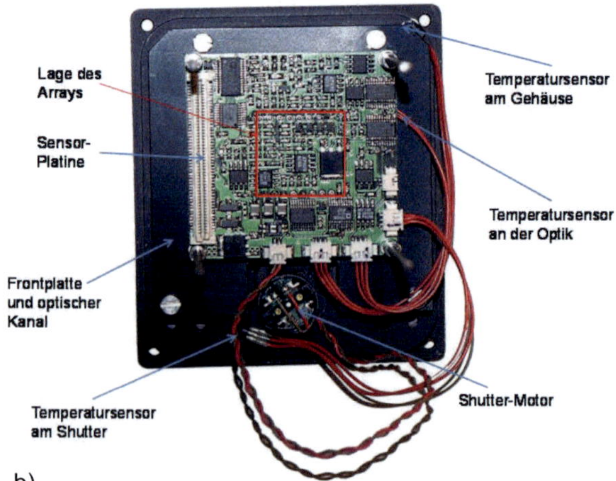

b)

Bild 4.3.2: Sensorplatine der für die Versuche eingesetzten IR-Kamera. a) Frontseite mit TEC-losen Mikrobolometerarray (VGA) und b) montiert auf der Frontplatte; Abmaß der Platine 56 x 56 mm^2.

Als Temperatursensor wird der integrierte Schaltkreis LM61 der Firma National Semiconductor (USA) eingesetzt. Er gibt eine Spannung aus, die direkt proportional zu seiner Temperatur ist. Die absolute Messabweichung des LM61 beträgt im Temperaturbereich von -30 °C bis 100 °C gemäß Datenblatt maximal ±2 K.

Auf der Prozessorplatine (Bild 4.3.3) befindet sich die komplette Digitalelektronik. Mit Ausnahme der Interfacebaugruppe sind alle Schaltungen in einem FPGA realisiert. Das garantiert, dass die Digitallogik einfach angepasst werden kann. Der eingesetzte Mikrokontroller ist ein NIOS®II-Prozessor der Firma ALTERA (USA). Dieser Prozessor ist ein sogenannter Softcore, d.h. er wird im Designtool des FPGAs synthetisiert und mit der Digitallogik in den FPGA geladen. Im FPGA befinden sich folgende Funktionseinheiten:

- Mikrokontroller mit seriellen Schnittstellen I^2C und RS232 sowie digitalen Ausgängen, z.B. zur Shuttersteuerung,
- Takterzeugung für das Mikrobolometerarray,
- Interface-Konverter und
- Test-Interface (Test-IF).

Der digitalisierte Datenstrom des Mikrobolometerarrays wird in der Digitallogik nicht verändert, sondern nur an das Format der Schnittstelle (CameraLink-Interface) angepasst.

Bild 4.3.4 zeigt den kompletten Innenaufbau der IR-Kamera. Neben der Sensor- und Prozessorplatine besitzt diese noch folgende Baugruppen:

- TEC-Platine: elektronische Regelschaltung für ein PELTIERelement (PID-Regler), entfällt für TEC-lose Mikrobolometerarrays;
- Stromversorgungsbaugruppe: potenzialfreie Erzeugung aller erforderlichen Gleichspannungen aus der Betriebsspannung (12 bis 24 V);
- Filterplatine: Baugruppe zur störungsfreien Signalauskopplung und Gleichspannungsversorgung.

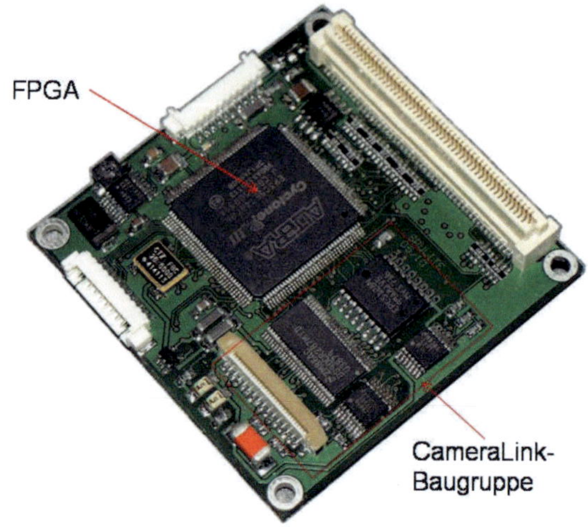

Bild 4.3.3: Prozessorplatine. Abmaß 56x56 mm^2.

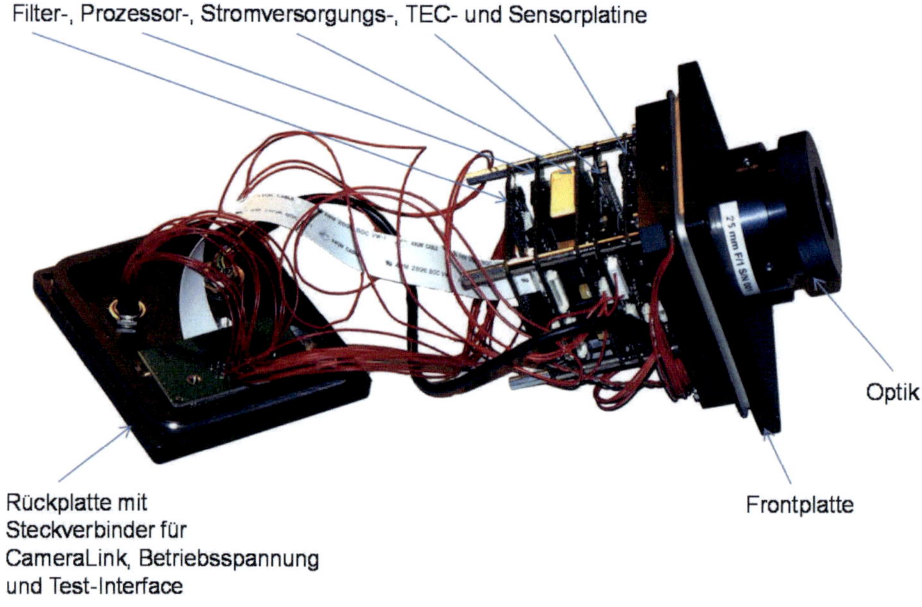

Bild 4.3.4: Innenaufbau der IR-Kamera.

Teil II Radiometrische Kalibrierung

5. Grundlegender Ablauf der radiometrischen Kalibrierung

Ein Radiometer misst den Strahlungsfluss eines Objekts und generiert ein Ausgangssignal, das infolge der Kalibrierung proportional zur Temperatur des Objekts ist /5.1/. Eine radiometrisch kalibrierte IR-Kamera zeigt näherungsweise die wahre Temperatur eines schwarzen Strahlers an. Die Kalibrierung dient dabei zur Berechnung eines temperaturproportionalen Ausgangssignal (IR-Bild) aus dem Messsignal (Rohbild) unter Berücksichtigung aller technisch-physikalischen Eigenschaften der IR-Kamera. Die dazu erforderlichen Arbeitsschritte sind im Bild 5.1 zusammengefasst und werden in diesem Abschnitt anhand eines Beispiels im Überblick vorgestellt. Ausführliche Erläuterungen erfolgen dann in den Abschnitten 6 bis 10.

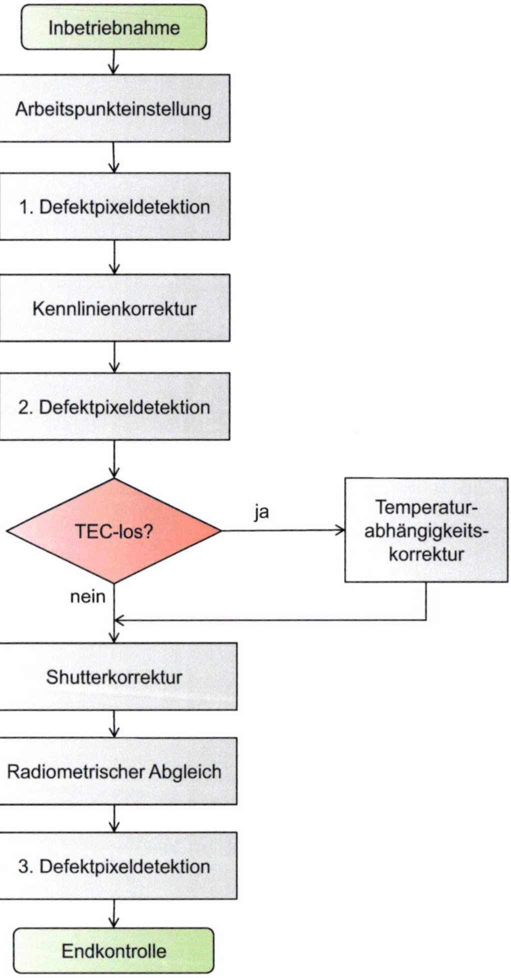

Bild 5.1: Ablaufplan der radiometrischen Kalibrierung.

Alle Messungen zur Kalibrierung erfolgen mit Ausnahme der Temperaturabhängigkeitskorrektur TEC-loser IR-Kameras im thermisch eingeschwungenen Zustand von Kamera und Objekt und sind deshalb sehr zeitintensiv.

Der Kalibierprozess beginnt mit der Inbetriebnahme der IR-Kamera. Dazu werden die variablen Spannungen USK und UFID zur Einstellung des Arbeitspunktes entsprechend den Angaben des Datenblattes des jeweiligen Mikrobolometerarrays eingestellt und die grundlegende Funktion der Kamera überprüft. Der vorgegebene Arbeitspunkt der Pixel liegt dann meist in der Mitte des Aussteuerbereiches des Arrays (Bild 5.2a). Bei einem üblichen Temperaturmessbereich von -20 °C bis +150 °C ist aber die positive Aussteuerung von Raumtemperatur (ca. 25 C) bis 150 °C deutlich größer als die Aussteuerung zu tieferen Temperaturen (25 °C bis -20 °C) und der Arbeitspunkt muss etwa bei einem Drittel des Aussteuerbereiches liegen (Bild 5.2b; Abschnitt 6).

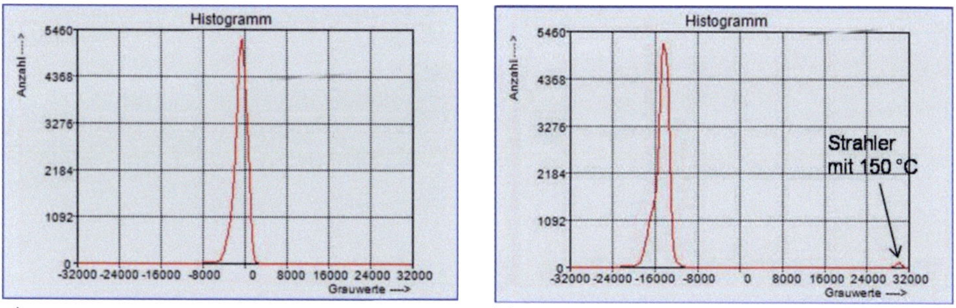

a) b)

Bild 5.2: Arbeitspunkteinstellung. Histogramm der Pixel a) am Arbeitspunkt nach Datenblatt bei geschlossenem Shutter und b) am optimierten Arbeitspunkt mit Blick auf einen schwarzen Strahler (ϑ_{BB} = 150 °C). Mikrobolometerarray U87361-44; Bildfrequenz f_B = 50 Hz.

Nachdem der Arbeitspunkt festliegt, werden in einer ersten Defektpixeldetektion alle Pixel, die außerhalb des Aussteuerbereiches liegen, als defekt definiert (Abschnitt 8). Danach kann die Kennlinienkorrektur erfolgen (Abschnitt 7). Bild 5.3 zeigt die Wirkung einer Zweipunktkorrektur der Pixelkennlinie, wobei die im Rohbild (Bild 5.3a) auftretende Streuung der Werte der einzelnen Pixel eliminiert werden. Die zu erkennende typische Streifenstruktur entsteht durch die spaltenweise Anordnung der Blindbolometer. Der durch die natürliche Vignettierung der Optik entstehende Signalabfall zum Bildrand hin ist ebenfalls immer im Rohbild vorhanden, wenn auch im Bild 5.3a durch den Inhalt des Thermobildes kaum zu erkennen.

In einer zweiten Defektpixeldetektion werden durch die Analyse der in der Zweipunktkorrektur berechneten Offset- und Gainwerte (Bild 5.4) weitere anormale Pixel, die außerhalb eines definierten Streubereiches liegen, aussortiert. Bei den Gainwerten haben sich hier feste Grenzen von ±10 % bewährt.

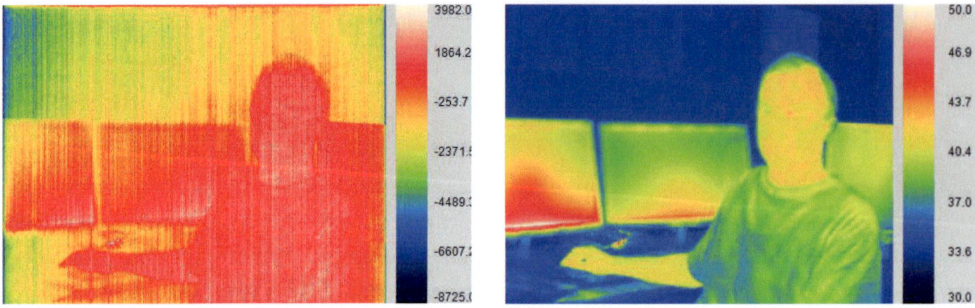

a) b)

Bild 5.3: Wirkung der Zweipunktkorrektur der Pixelkennlinie. a) Rohbild (Farbkeil in Grauwerten) und b) Thermobild (Farbkeil in °C). Mikrobolometerarray U87361-44; Bildfrequenz f_B = 50 Hz.

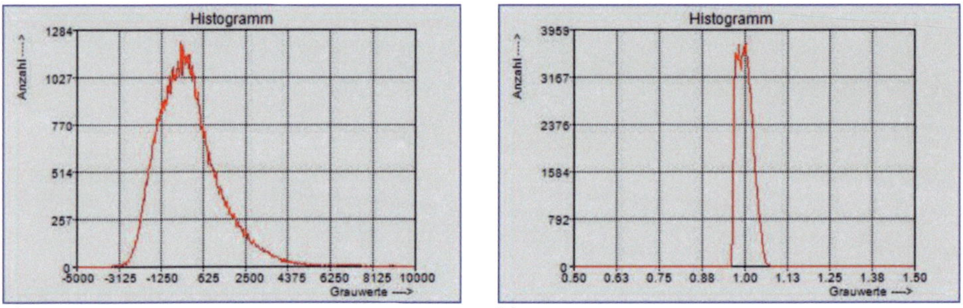

a) b)

Bild 5.4: Histogramme a) der Offsetwerte und b) der Gainwerte der Pixel des Mikrobolometerarrays U87361-44. Bildfrequenz f_B = 50 Hz.

Für TEC-lose Mikrobolometerarrays muss nun die Temperaturabhängigkeit der Offsetwerte und der Empfindlichkeit bestimmt werden (Bild 5.5). Die Regressionsanalyse beinhaltet die bekannten Zusammenhänge zwischen Kamera- bzw. Sensortemperatur und der jeweiligen Messgröße gemäß Abschnitt 3.3. Das sind für die Empfindlichkeit ein Polynom 2. Grades und für die Offsetwerte ein Polynom 3. Grades (Gln. (3.3.2) und (3.3.3)). Ein entsprechendes Messverfahren wird ausführlich im Abschnitt 7.2 vorgestellt.

Nach der Korrektur der Ungleichförmigkeit erfolgt die Korrektur der Umgebungstemperaturabhängigkeit (Abschnitt 9). Dazu wird die sogenannte Shutterkennlinie aufgenommen, die das Verhältnis von Shutter-auf- zu Shutter-zu-Signal in Abhängigkeit von der Kameratemperatur repräsentiert (Bild 5.6). Beide Signale sind direkt zueinander proportional. Anschließend erfolgt die radiometrische Kalibrierung (Abschnitt 10) durch die Bestimmung der Signalspannung-Objekttemperatur-Kennlinie (Bild 5.7). Für die Regressionsanalyse wird hier auf die PLANCKkurve (Gl. (10.12)) zurückgegriffen.

Abschließend wird im Rahmen der Endkontrolle eine dritte Defektpixeldetektion durchgeführt. Hierbei werden durch Sichtkontrolle optisch auffällige Pixel aussortiert.

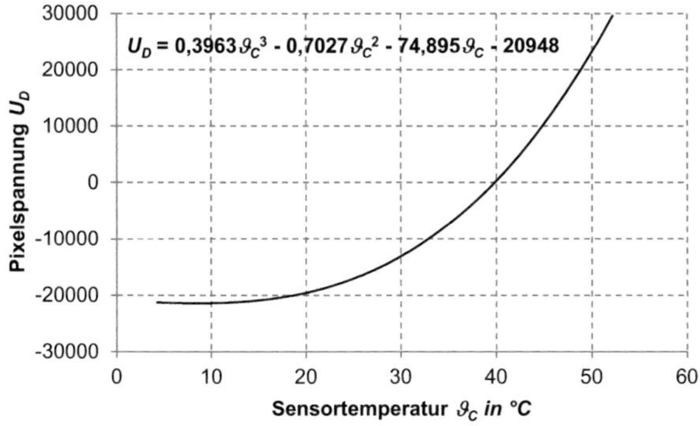

a)

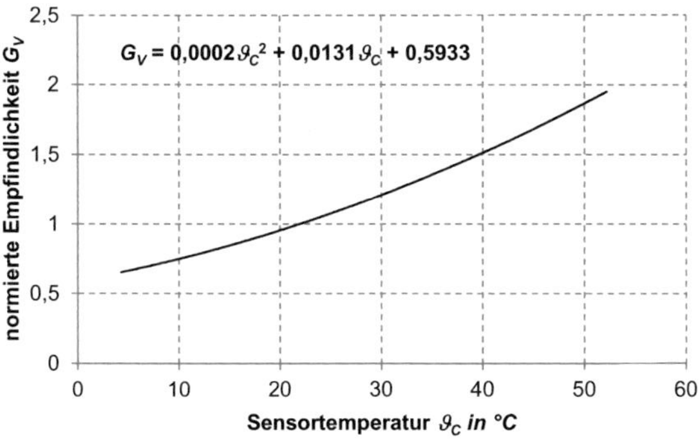

b)

Bild 5.5: Temperaturabhängigkeit a) der Offsetwerte und b) der Empfindlichkeit der Pixel des TEC-losen Mikrobolometerarrays U87361-44. Pixel (192, 124). Bildfrequenz f_B = 50 Hz.

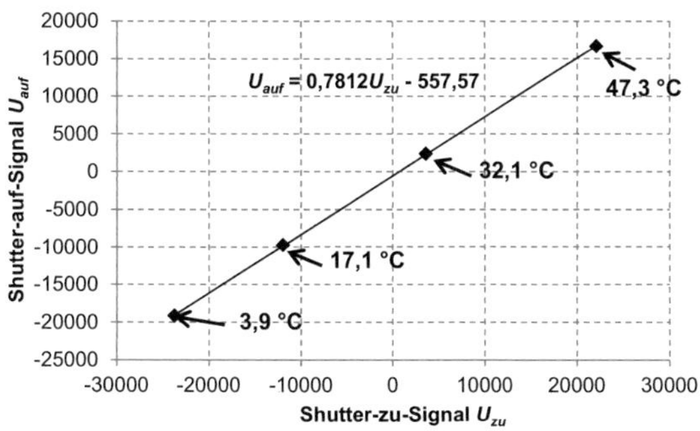

Bild 5.6: Shutterkennlinie des Mikrobolometerarrays U87361-44. Objekttemperatur 30 °C; Parameter: Kameratemperatur des jeweiligen Messpunktes. Bildfrequenz f_B = 50 Hz.

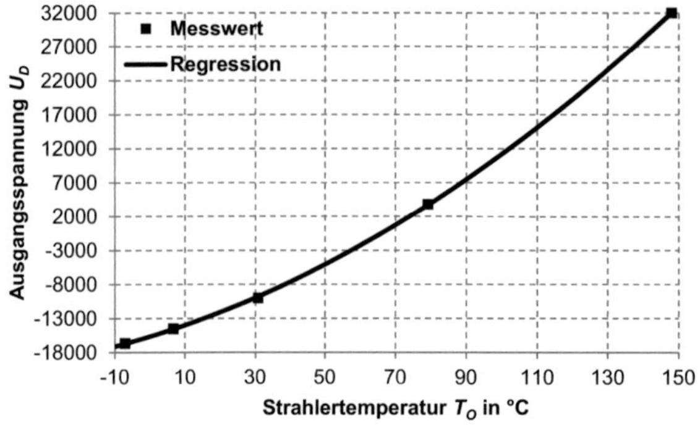

Bild 5.7: Einheitliche Objekttemperatur-Signalspannungskennlinie für alle Pixel des Mikrobolometerarrays U87361-44. Regression nach Gl. (10.12) mit B = 1514,3 K; F = 0,920; R = 1.967.454 und Off = -23.392; Bildfrequenz f_B = 50 Hz.

6. Bestimmung des Arbeitspunktes der Pixel

Die Lage des Arbeitspunktes der Pixel ist entscheidend für den Dynamikbereich der IR-Kamera. Er berechnet sich aus dem gewünschten Messbereich, der Verteilung der Pixeloffsets und dem Umgebungstemperaturbereich.

Der Aussteuerbereich ΔU_{AB} des Sensors umfasst den maximalen Signalspannungshub am Sensorausgang und ist fest durch den ROIC vorgegeben. Der Arbeitspunkt muss so gewählt werden, dass eine volle Aussteuerung durch das Eingangssignal (Strahlungsfluss bei einer Objekttemperatur zwischen ϑ_{Omax} und ϑ_{Omin}) im gesamten Umgebungstemperaturbereich erfolgen kann. Der Aussteuerbereich ΔU_{AB} unterteilt sich in drei Bereiche (Bild 6.1):

$$\Delta U_{AB} = \Delta U_{AP}\left(\vartheta_C\right) + \Delta U_U\left(\vartheta_{O\min}\right) + \Delta U_O\left(\vartheta_{O\max}\right) \tag{6.1}$$

mit der Streuung der Offsetwerte ΔU_{AP} um den Arbeitspunkt U_{AP}, dem unteren Aussteuerbereich ΔU_U, bestimmt durch die minimale Objekttemperatur ϑ_{Omin}, und dem oberen Aussteuerbereich ΔU_O, festgelegt durch die maximale Objekttemperatur ϑ_{Omax}.

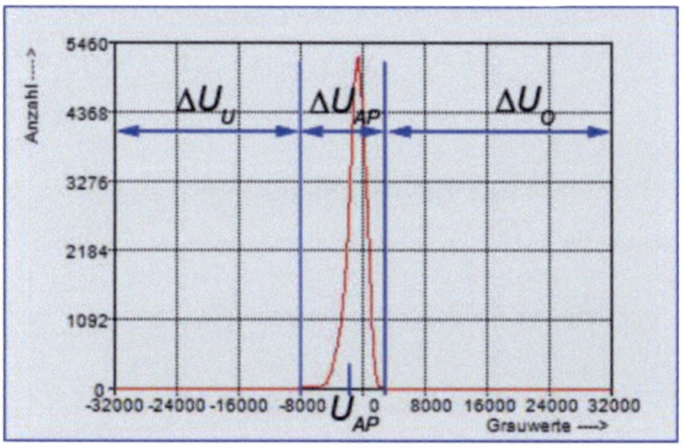

Bild 6.1: Definition der Aussteuerbereiche, dargestellt im Histogramm der Offsetwerte des Mikrobolometerarrays U87361-44. Bildfrequenz f_B = 50 Hz.

Für konkrete Berechnungen müssen nun die Temperaturbereiche sinnvoll festgelegt werden. Bei einem für eine IR-Kamera üblichen Umgebungstemperaturbereich von ϑ_{Umin} = -20 °C bis ϑ_{Umax} = 40 °C ergibt sich aufgrund der Eigenerwärmung der Kamera von ca. 10 K ein Kamerainnentemperaturbereich von ca. ϑ_{Kmin} = -10 °C bis ϑ_{Kmax} = 50 °C. Daraus folgen die zur weiteren Berechnung angesetzten Temperaturwerte:

- Sensortemperatur ϑ_C = 30 °C für thermostatierte Mikrobolometerarrays,
- minimale Sensortemperatur ϑ_{Cmin} = 0 °C für TEC-lose Mikrobolometerarrays und
- maximale Sensortemperatur ϑ_{Cmax} = 60 °C für TEC-lose Mikrobolometerarrays.

Für den Temperaturmessbereich soll gelten:

- minimale Objekttemperatur ϑ_{Omin} = -20 °C und
- maximale Objekttemperatur ϑ_{Omax} = 150 °C.

Die Größe des Spannungsbereiches ΔU_{AP} der Offsetwertstreuung ist abhängig vom Typ des Mikrobolometerarrays. Bei älteren Typen kann dieser Bereich bis zu einem Drittel des gesamten Aussteuerbereiches einnehmen. Aufgrund der Fortschritte in der Herstellungstechnologie ist der Spannungsbereiches ΔU_{AP} vor allem bei aktuellen TEC-losen Mikrobolometerarrays sehr viel kleiner. Im Vergleich der Bilder 6.1 (TEC-loses Array, Herstellungsjahr 2010) und Bild 6.2 (Array mit TEC; Herstellungsjahr 2006) wird dieser Umstand deutlich. Die Umgebungstemperaturabhängigkeit des Spannungsbereiches ΔU_{AP} ist vernachlässigbar. Dem gegenüber muss die Temperaturabhängigkeit des Arbeitspunktes U_{AP} unbedingt berücksichtigt werden. Bei Mikrobolometerarrays mit konstanter Sensortemperatur ändert sich der Arbeitspunkt durch die temperaturabhängige Kameraeigenstrahlung. Bei TEC-losen Mikrobolometerarrays kommt eine Verschiebung des Arbeitspunktes durch den temperaturabhängigen Offset hinzu.

Zunächst soll die Temperaturabhängigkeit des Arbeitspunktes U_{AP} bei geschlossenem Shutter infolge der Kameraeigenstrahlung berechnet werden. Der Signalhub ΔU_H des Shutterbildes ergibt sich aus den Gln. (3.1.20), (3.1.30) und (3.2.9) und ist unabhängig von der Sensortemperatur:

$$\Delta U_H = \frac{R_T}{\omega_1 L'}\left(L_K\left(\vartheta_{K\max}\right) - L_K\left(\vartheta_{K\min}\right)\right)\omega_{HR} \tag{6.2}$$

mit der Temperaturempfindlichkeit R_T, dem reduzierten Raumwinkel ω_l der Pixel, der differentiellen Strahldichte L', der Strahldichte L_K des Kamerainnenraums und dem reduzierten Raumwinkel ω_{HR} des Halbraums ($\omega_{HR} = \pi$).

Die gemessene Temperaturempfindlichkeit R_T bezieht sich dabei auf eine Blendenzahl von Eins ($\omega_1 = \frac{\pi}{5}$) und einer Objekttemperatur von 27 °C. So wird aus Gl. (6.2):

$$\Delta U_H = 5R_T \frac{L_K\left(\vartheta_{K\max}\right) - L_K\left(\vartheta_{K\min}\right)}{L'\left(27°\mathrm{C}\right)}. \tag{6.3}$$

Für das Beispiel im Bild 6.2 gilt mit der Temperaturempfindlichkeit R_T = 90 K^{-1}, der gemessenen minimalen Kameratemperatur ϑ_K = 0 °C und der gemessenen maximalen Kameratemperatur ϑ_K = 45 °C dann:

$$\Delta U_H = 5 \cdot 90\mathrm{K}^{-1} \frac{2{,}24\mathrm{E}\text{-}4 \frac{\mathrm{W}}{\mathrm{mm}^2} - 1{,}10\mathrm{E}\text{-}4 \frac{\mathrm{W}}{\mathrm{mm}^2}}{2{,}6\mathrm{E}\text{-}6 \frac{\mathrm{W}}{\mathrm{mm}^2\mathrm{K}}} = 19038, \tag{6.4}$$

was gut mit den gemessenen Werten übereinstimmt (Bild 6.2).

Für TEC-lose Mikrobolometerarrays ändert sich auch die Arbeitspunktspannung U_{AP} mit der Sensortemperatur ϑ_C. Dies kann, wie im Abschnitt 3.3 erläutert, mit Hilfe eines Polynoms 3. Grades beschrieben werden. Bild 6.3. zeigt ein Beispiel.

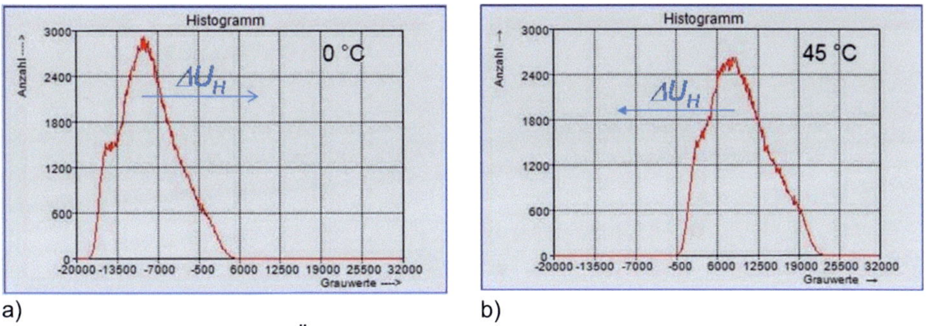

Bild 6.2: Signalhub durch Änderung der Umgebungstemperatur T_U bei geschlossenen Shutter. a) ϑ_K = 0 °C und b) ϑ_K = 45 °C; Mikrobolometerarrays Z1003010; Bildfrequenz f_B = 50 Hz.

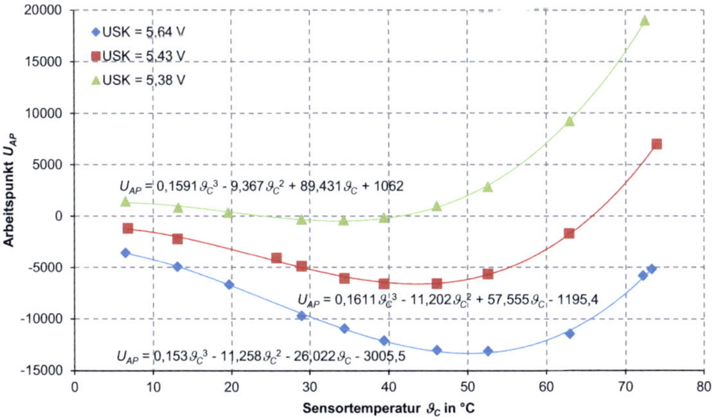

Bild 6.3: Temperaturabhängigkeit des Arbeitspunktes U_{AP} des Mikrobolometerarrays U75313-96. Messpunkte und ausgezogene Linien (Polynomregression mit Formel); Parameter: Arbeitspunktspannung *USK*; Bildfrequenz f_B = 50 Hz.

Zum Schluss müssen noch die Aussteuerbereiche durch das Signal ΔU_U und ΔU_O berücksichtigt werden. Allgemein gilt:

$$\Delta U_U = R_V A_P \left[\Phi\left(\vartheta_{C\max}\right) - \Phi\left(\vartheta_{O\min}\right) \right] \tag{6.5}$$

und

$$\Delta U_O = R_V A_P \left[\Phi\left(\vartheta_{O\max}\right) - \Phi\left(\vartheta_{C\min}\right) \right]. \tag{6.6}$$

Bei temperaturstabilisierten Mikrobolometerarrays ist die Sensortemperatur konstant:

$$\vartheta_C = \vartheta_{C\min} = \vartheta_{C\max}\,. \tag{6.7}$$

Dann gilt (Bild 6.4):

$$\Delta U_U(\vartheta_C = 30\ °C,\ \vartheta_{Omin} = -20\ °C) \approx 5500 \tag{6.8}$$

bzw.

$$\Delta U_O(\vartheta_C = 30\ °C,\ \vartheta_{Omax} = 150\ °C) \approx 24000. \tag{6.9}$$

Hier sieht man, dass die Signalaussteuerung für hohe Temperaturen (24000) etwa dreimal so groß ist wie die bei tiefen Temperaturen (5500).

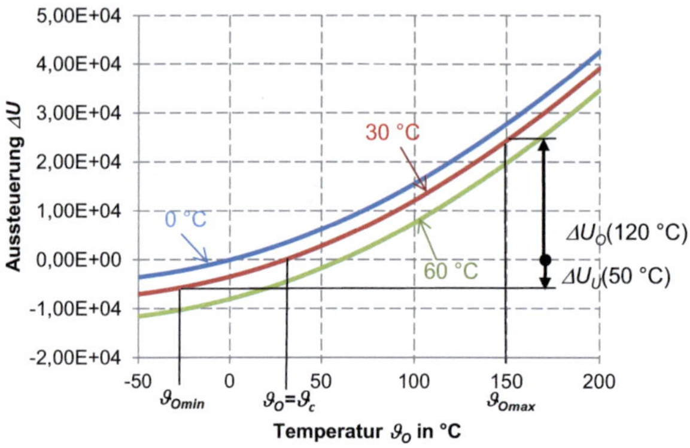

Bild 6.4: Aussteuerung eines Pixels. Parameter: Sensortemperatur ϑ_C; eingetragenes Beispiel gilt für ϑ_C = 30 °C; $R_V = 5 \cdot 10^7\ W^{-1}$; Mikrobolometerarray U75313-96.

Für TEC-lose Mikrobolometerarrays muss jeweils die größere Aussteuerung berücksichtigt werden, die sich durch den Bereich der Sensortemperatur $\vartheta_C = (0\ldots60)$ °C ergibt:

$$\Delta U_U(\vartheta_C = 60\ °C,\ \vartheta_{Omin} = -20\ °C) \approx 10000 \tag{6.8}$$

bzw.

$$\Delta U_O(\vartheta_C = 0\ °C,\ \vartheta_{Omax} = 150\ °C) \approx 28000. \tag{6.9}$$

Zusammenfassend können folgende Schlussfolgerungen gezogen werden:

- Bei temperaturstabilisierten Mikrobolometerarrays beträgt die Aussteuerung durch die Kameratemperaturänderung ca. zwei Drittel der Signalaussteuerung. Die Signalaussteuerung für die maximale Objekttemperatur ist deutlich größer als die für die minimale Objekttemperatur. Deshalb liegt der optimale Arbeitspunkt bei einer Umgebungstemperatur von ca. 25 °C bei etwa einem Drittel des Aussteuerbereiches.

- Bei TEC-losen Mikrobolometerarrays muss zusätzlich die Temperaturabhängigkeit des Arbeitspunktes berücksichtigt werden. Der Zusammenhang zwischen Arbeitspunkt und Sensortemperatur ist nicht linear und muss messtechnisch bestimmt werden. Die Aussteuerung durch den temperaturabhängigen Arbeitspunkt sollte gegenüber den Aussteuerungen durch die Kameratemperaturänderung und dem Signal möglichst klein sein. Im obigen Beispiel (Bild 6.3) ist die mittlere Kurve als Arbeitspunkt auszuwählen. Bei Raumtemperatur liegt dann der Arbeitspunkt wiederum bei ca. einem Drittel des Aussteuerbereiches.

7. Korrektur der Ungleichförmigkeit

Technologiebedingt haben die einzelnen Pixel eines Mikrobolometerarrays individuell unterschiedliche Arbeitspunkte und Empfindlichkeiten und somit voneinander abweichende Kennlinien. Durch eine Korrektur dieser Ungleichförmigkeit werden alle Pixel auf eine einheitliche Kennlinie, die sogenannte Normkennlinie, umgerechnet. Diesen Vorgang bezeichnet man auch als „Glattziehen", da das IR-Bild nun bei gleichmäßiger Ausleuchtung keine Struktur aufweist, also glatt ist. Nach dieser Kennlinienkorrektur verhalten sich alle Pixel gleich und die nachfolgenden Kalibrierschritte können exemplarisch an einem beliebigen Pixel bzw. an einer beliebigen Pixelgruppe durchgeführt werden. Zunächst wird nun die Kennlinienkorrektur bei konstanter Umgebungstemperatur vorgestellt (Abschnitt 7.1). Anschließend wird im Abschnitt 7.2 die für TEC-lose Mikrobolometerarrays erforderliche temperaturabhängige Korrektur der Normkennlinie beschrieben.

7.1 Abgleich der Kennlinie

Die Beschreibung der Pixelkennlinien erfolgt oft in Abhängigkeit von der Objekttemperatur ϑ_O. Die Funktion $U_{mn}(\vartheta_O)$ des Pixels am Ort (mn) ist aber nichtlinear. Deshalb wird die Kennlinie meist mit einem Polynom 2. Ordnung beschrieben /7.1/. Für radiometrisch kalibrierte IR-Kameras ist diese Regression nicht ausreichend. Hier bietet sich eine exponentielle Regression /7.2/ an, wie sie im Abschnitt 10 vorgestellt wird.

Die in der Literatur /7.1/ und /7.3/ beschriebenen Kennlinienkorrekturen beziehen sich außerdem auf Photonensensoren, deren Funktion $U_{mn}(\Phi_O)$ oftmals nichtlinear ist, sowie auf IR-Sichtgeräten ohne radiometrischer Abgleich. Im Gegensatz dazu ist der Zusammenhang zwischen dem Strahlungsfluss Φ und der Pixelspannung U_{mn} eines Mikrobolometers linear und kann zur Kennlinienbeschreibung genutzt werden. Eine deutliche Vereinfachung des Korrekturalgorithmus erreicht man durch die nachfolgend beschriebene Trennung von Kennlinienkorrektur und radiometrischem Abgleich. Diese Vorgehensweise führt gleichzeitig zu einer Verringerung des rechentechnischen Korrekturaufwandes und ermöglicht eine einfache Datenverarbeitung in Echtzeit.

7.1.1 Abgleich der Kennlinien bei konstanter Sensortemperatur

Der lineare Zusammenhang zwischen der Spannung U_{mn} des Pixels (mn) und dem Strahlungsfluss Φ kann mit einer Geradengleichung beschrieben werden:

$$U_{mn} = a_{mn}\Phi + b_{mn} \tag{7.1}$$

mit dem Anstieg a_{mn} der Geraden und dem Achsenabschnitt b_{mn}. Anstieg und Achsenabschnitt verhalten sich pixelspezifisch und müssen so berechnet werden, dass eine für alle Pixel einheitliche Normkennlinie entsteht:

$$U_{norm} = a_{norm}\Phi + b_{norm} \tag{7.2}$$

mit dem Anstieg a_{norm} der Geraden und dem Achsenabschnitt b_{norm}. Für jedes Pixel mn muss man ein Konstantenpaar $offset_{mn}$ und $gain_{mn}$ so bestimmen, dass

$$U_{korr,mn} = \left(U_{mn} - offset_{mn}\right) * gain_{mn} + U_{normoffset} \tag{7.3}$$

gilt. Die Spannung $U_{korr,mn}$ ist dann der korrigierte, d.h. auf die Normkennlinie zurückgeführte Spannungswert des Pixels. Bild 7.1 zeigt das Prinzip dieser Zweipunktkorrektur. Zunächst wird die Pixelkennlinie parallel verschoben ($-offset_{mn}$) und dann der Anstieg korrigiert ($*gain_{mn}$). Abschließend kann noch ein für alle Pixel gültiger konstanter Spannungswert addiert werden. Die Normkennlinie wird dadurch wieder zurückgeschoben ($+U_{normoffset}$). Dieser letzte Schritt ist nicht in jedem Falle erforderlich, garantierte aber, dass die korrigierten Pixelspannungen im gleichen Wertebereich liegen wie die gemessenen Pixelwerte. Wichtig wird dies beispielsweise, wenn die Korrektur in Hardware (16 Bit-Festkomma-Arithmetik) realisiert wird und somit der Wertebereich eingeschränkt ist.

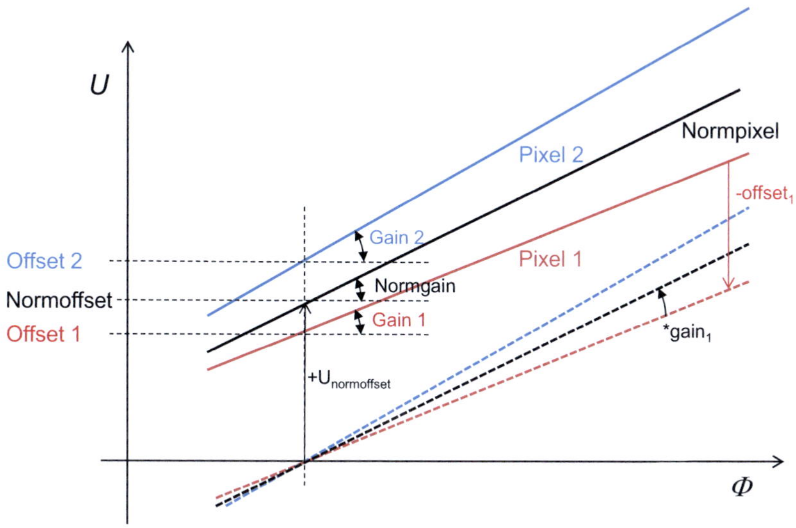

Bild 7.1: Prinzip der Zweipunktkorrektur der Pixelkennlinie, dargestellt am Beispiel zweier Pixel. Gestrichelte Kurven: um den Wert *offset* parallel verschobene Kennlinien.

Um bei der Echtzeitkorrektur eine Rechenoperationen einzusparen, kann Gl. (7.3) vereinfacht werden:

$$U_{korr,mn} = U_{mn} * gain_{mn} + offset^{*}_{mn} \tag{7.4}$$

mit

$$offset^{*}_{mn} = -offset_{mn} * gain_{mn} + U_{normoffset} \,. \tag{7.5}$$

Die Berechnung der pixelbezogenen Konstanten $offset_{mn}$ und $gain_{mn}$ stellt das Kernproblem der Zweipunktkorrektur dar und wird im Folgenden unter Nutzung von Ergebnisses aus /7.1/, /7.3/, 7.4/, /7.5/ und /7.7/ erläutert.

Zur Bestimmung der Kennlinien der Pixel sind K Messpunkte $U(\Phi)$ mit $K \geq 2$ erforderlich, wobei K der Freiheitsgrad der Korrektur ist. An jedem Messpunkt k wird der Mittelwert aller Pixel gebildet:

$$\langle U_k \rangle = \frac{1}{J}\sum_{j=1}^{J} U_j \tag{7.6}$$

mit der Anzahl der Pixel

$$J = M \cdot N . \tag{7.7}$$

Bei zwei Freiheitsgraden ($K = 2$) gilt dann für die Normkennlinie von Gl. (7.2):

$$a_{norm} = \frac{\langle U_2 \rangle - \langle U_1 \rangle}{\Phi_2 - \Phi_1} , \tag{7.8}$$

$$b_{norm} = \frac{\langle U_1 \rangle \Phi_2 - \langle U_2 \rangle \Phi_1}{\Phi_2 - \Phi_1} . \tag{7.9}$$

Jedes Pixel weicht jetzt am Messpunkt k mit $\Delta U_{\mathrm{mn,k}}$ vom Mittelwert $\langle U_K \rangle$ ab:

$$\Delta U_{mn,k} = U_{mn,k} - \langle U_k \rangle . \tag{7.10}$$

Mit der Methode der kleinsten Fehlerquadrate lässt sich jetzt eine Funktion

$$\Delta U_{mn} = c_{mn} U_{mn} + d_{mn} \tag{7.11}$$

so bestimmen, dass alle Spannungsdifferenzen $\Delta U_{\mathrm{mn,k}}$ minimal sind. Die im Folgenden angewandten Ausgleichsrechnungen werden im Anhang A1 vorgestellt. Die Funktion ΔU_{mn} beschreibt die Abweichung der Pixelkennlinie des Pixels (mn) von der Normkennlinie. Sie schätzt auch die Abweichungen zwischen den einzelnen Messpunkten. Für die hier gesuchte lineare Funktion gilt dann /7.4/:

$$c_{mn} = \frac{1}{D}\left(K \sum_{k=1}^{K} \Delta U_{mn,k} \langle U_k \rangle - \sum_{k=1}^{K} \langle U_k \rangle \sum_{k=1}^{K} \Delta U_{mn,k} \right) , \tag{7.12}$$

$$d_{mn} = \frac{1}{D}\left(\sum_{k=1}^{K} \langle U_k \rangle^2 \sum_{k=1}^{K} \Delta U_{mn,k} - \sum_{k=1}^{K} \langle U_k \rangle \sum_{k=1}^{K} \Delta U_{mn,k} \langle U_k \rangle \right), \tag{7.13}$$

$$D = K \sum_{k=1}^{K} \langle U_k \rangle^2 - \left(\sum_{k=1}^{K} \langle U_k \rangle \right)^2 . \tag{7.14}$$

Mit zwei Messpunkten (Freiheitsgrad $K = 2$) erhält man aus den Gln. (7.12) bis (7.14) die bekannten Formeln zur Berechnung der Geradengleichung (7.11) aus 2 Wertepaaren:

$$c_{mn} = \frac{\Delta U_{mn,1} - \Delta U_{mn,2}}{\langle U_1 \rangle - \langle U_2 \rangle} \tag{7.15}$$

$$d_{mn} = \frac{\langle U_1 \rangle \Delta U_{mn,2} - \langle U_2 \rangle \Delta U_{mn,1}}{\langle U_1 \rangle - \langle U_2 \rangle} \tag{7.16}$$

Die gesuchte und korrigierte Pixelspannung $U_{korr,mn}$ berechnet sich dann aus dem aktuellen Messwert U_{mn} des Pixels und der Differenzspannung ΔU_{mn}

$$U_{korr,mn} = U_{mn} - \Delta U_{mn} \tag{7.17}$$

bzw. mit Gl. (7.11)

$$U_{korr,mn} = (1 - c_{mn}) U_{mn} - d_{mn} \; . \tag{7.18}$$

Durch Koeffizientenvergleich ergeben sich die Werte für Gl. (7.4)

$$gain_{mn} = (1 - c_{mn}) \tag{7.19}$$

und

$$offset^{*}_{mn} = -d_{mn} \; . \tag{7.20}$$

Beispielhaft werden nun zwei Fälle untersucht:

Im ersten Fall soll die Pixelkennlinie exakt auf der Normkennlinie liegen. Damit gilt

$$\Delta U_{mn,1} = \Delta U_{mn,2} = 0 \, . \tag{7.21}$$

Daraus folgt

$$c_{mn} = d_{mn} = 0 \; , \tag{7.22}$$

$$offset^{*}_{mn} = 0 \tag{7.23}$$

und

$$gain_{mn} = 1 , \tag{7.24}$$

was offensichtlich richtig ist.

Im zweiten Fall soll die Pixelkennlinie um den Wert ΔU_0 parallel zur Normkennlinie verschoben sein. Es gilt dann

$$\Delta U_{mn,1} = \Delta U_{mn,2} = \Delta U_0 \, . \tag{7.25}$$

Daraus folgt

$$c_{mn} = 0\,, \tag{7.26}$$

$$d_{mn} = U_0\,, \tag{7.27}$$

$$\mathit{offset}^*_{mn} = -\Delta U_0 \tag{7.28}$$

und

$$\mathit{gain}_{mn} = 1\,. \tag{7.29}$$

Hier ergibt sich wieder das erwartete Ergebnis.

Der Vorteil des Korrekturverfahrens entsprechend den Gln. (7.4), (7.11) und (7.17) besteht darin, dass keine Kenntnis des Strahlungsflusses an den Messpunkten erforderlich ist. Man kann also zwei beliebige Strahlertemperaturen ϑ_{BB1} und ϑ_{BB2} mit $\vartheta_{BB2} > \vartheta_{BB1}$ als Messpunkte verwenden. Im Allgemeinen wählt man als Messtemperaturen die Umgebungstemperatur (z.B. ϑ_{BB1} = 23 °C) und eine Temperatur in der Nähe des Messbereichsendes (z.B. ϑ_{BB2} = 100 °C). Aus den an diesen zwei Messpunkten gemessenen Pixelspannungen berechnen sich nach den Gln. (7.15) und (7.16) die Korrekturgrößen offset_{mn} und gain_{mn} für jedes Pixel. Die Korrektur der Pixelspannungen muss online in der Signalverarbeitungseinheit einer IR-Kamera durchgeführt werden. Dazu ist es erforderlich, die zwei Datensätze *offset* und *gain* in der IR-Kamera zu speichern, um die Gl. (7.4) in Echtzeit berechnen zu können.

7.1.2 Korrigierbarkeit

Bei der Messung der Pixelspannungen treten verschiedene Messabweichungen auf. Diese entstehen durch das zeitliche Rauschen U_{DR} der Pixel, durch zeitliche Schwankungen der Strahlertemperatur während der Messung und durch die nicht gleichmäßige Ausleuchtung der Sensormatrix. Durch diese Messabweichungen bleibt im korrigierten Bild immer eine Abweichung zwischen den räumlich getrennten Pixeln bestehen. Diese wird als räumliches Rauschen U_{DRR} bezeichnet. Das räumliche Rauschen ist kein Rauschen im physikalischen Sinne. Die Abweichung von der Normkennlinie ist determiniert und vorhersagbar. Dem Betrachter eines IR-Bildes erscheint es jedoch als Rauschen, da die Kennlinienabweichung vom Bildinhalt, das heißt von der Aussteuerung, abhängt und es außerdem mit dem zeitlichen Rauschen überlagert ist. Es wird auch als Bildmusterrauschen (Fixed Pattern Noise) bezeichnet, da bei großen Ungleichförmigkeiten ein Muster im IR-Bild erkennbar ist.

a) Korrigierbarkeit des Pixelrauschens

Zunächst wird der Einfluss des Pixelrauschens U_{DR} auf die Kennlinienkorrektur eines einzelnen Pixels untersucht. Die Qualität dieses Kurvenfits, das auf der Methode der kleinsten Quadrate basiert, wird mit einem Chi-Quadrat-Test überprüft. Der Chi-Quadrat-Wert für ein Pixel berechnet sich zu /7.4/:

$$\chi_{mn}^2 = \frac{1}{U_{DR}^2} \sum_{k=1}^{K} \left(U_{korr,mn} - U_k \right)^2 \ . \tag{7.30}$$

Ist die Qualität des Kurvenfits gut, muss gelten:

$$\chi_{mn}^2 \leq 1 \, . \tag{7.31}$$

Die Abweichung eines Pixels von der Normkennlinie an einem Messpunkt ist demnach kleiner oder gleich dem zeitlichen Rauschen U_{DR}. Mit Hilfe dieses Chi-Quadrat-Tests wurde in /7.1/ eine Beziehung zur Bewertung der Korrekturqualität eines Arrays abgeleitet. Für die sogenannte Korrigierbarkeit (Correctability) C gilt dann:

$$C = \sqrt{\frac{\sum_{j=1}^{J} \chi_j^2}{(J-1)(n-K)} - 1} \ . \tag{7.32}$$

Dabei gibt n die Anzahl der verwendeten Datensätze an. Bei einer Zweipunktkorrektur ($K = 2$) benötigt man also mindestens 3 Datensätze, zwei für die Berechnung der Korrektur und einen weiteren Messpunkt (Kontrollpunkt) zur Überprüfung der Korrektur. Der Kontrollpunkt sollte etwa in der Mitte zwischen den beiden Korrekturpunkten liegen. Im Falle der Zweipunktkorrektur wird aus Gl. (7.32) /7.1/

$$C = \sqrt{\frac{\sigma_C^2}{U_{DR}^2} - 1} \tag{7.33}$$

mit der Varianz am Kontrollpunkt

$$\sigma_C^2 = \frac{\sum_{j=1}^{J} \left(U_{korr,j} - U_{norm} \right)^2}{J-1} \ . \tag{7.34}$$

U_{norm} ist der Wert der Normkennlinie am Kontrollpunkt. Die Varianz am Kontrollpunkt setzt sich aus dem zeitlichen Rauschen U_{DR} und der Abweichung von der Normkennlinie U_{DRR} (räumliches Rauschen) zusammen:

$$\sigma_C^2 = U_{DR}^2 + U_{DRR}^2 \, . \tag{7.35}$$

Aus Gl. (7.33) wird dann

$$C = \sqrt{\frac{U_{DRR}^2}{U_{DR}^2}} \ . \tag{7.36}$$

Die Korrigierbarkeit C ist bei idealer Korrektur der Kennlinien Null. Sie beträgt Eins, wenn das räumliche Rauschen genau so groß ist wie das zeitliche Rauschen. Ist die Korrigierbarkeit größer als Eins, dominiert das räumliche Rauschen und die Ungleichförmigkeit ist deutlich im IR-Bild erkennbar.

Durch das zeitliche Rauschen U_{DR} der Pixel entsteht eine Unsicherheit in der Schätzung der Werte *offset* und *gain*. Die Varianzen der *offset*-Werte σ_{offset} und der *gain*-Werte σ_{gain} sind /7.4/:

$$\sigma_{offset}^2 = \frac{U_{DR}^2}{D}\sum_{k=1}^{K}\langle U_k\rangle^2 , \tag{7.37}$$

$$\sigma_{gain}^2 = K\frac{U_{DR}^2}{D}, \tag{7.38}$$

wobei D durch Gl. (7.14) gegeben ist. Für eine Zweipunktkorrektur gilt

$$\sigma_{offset}^2 = U_{DR}^2\frac{\langle U_1\rangle^2 + \langle U_2\rangle^2}{\left(\langle U_1\rangle - \langle U_2\rangle\right)^2} , \tag{7.39}$$

$$\sigma_{gain}^2 = 2\frac{U_{DR}^2}{\left(\langle U_1\rangle - \langle U_2\rangle\right)^2} . \tag{7.40}$$

Damit ergibt sich für die Varianz eines beliebigen Wertes U_{mn} auf der Normkennlinie:

$$\sigma_{Umn}^2 = \sigma_{gain}^2 U_{mn}^2 + \sigma_{offset}^2 + 2CoU_{mn} \tag{7.41}$$

mit der Kovarianz

$$Co = -\sigma_{gain}^2\frac{\langle U_1\rangle + \langle U_2\rangle}{2}. \tag{7.42}$$

Die Kovarianz verschwindet, wenn der Mittelwert der Messpunkte Null ist. Bei großen Aussteuerungen, vor allem außerhalb des Messpunktbereiches, kann es zu großen Messabweichungen kommen.

b) Korrigierbarkeit aller Störgrößen

Bisher wurde als Störgröße das zeitliche Rauschen der Pixel betrachtet. Hinzu kommen das zeitliche Schwanken der Strahlertemperatur und die räumliche Temperaturabweichung über der Strahlerfläche (siehe Abschnitt 4.1b, Tabelle 4.1.1). Alle Störgrößen sind unabhängig voneinander und können wegen der Addition der Rauschleistungen deshalb geometrisch addiert werden:

$$U_{DR}^{'2} = U_{DR}^2 + U_{DR,Temp}^2 + U_{DR,Fläche}^2 \tag{7.43}$$

mit der Rauschspannung $U_{DR,Temp}$ infolge der Strahlertemperaturschwankung und der Rauschspannung $U_{DR,Fläche}$, verursacht durch die Temperaturabweichung über der Strahlerfläche. Die Messabweichung der Kenngrößenkorrektur von Gl. (7.41) und die Korrigierbarkeit von Gl. (7.36) sind dann entsprechend mit der Rauschspannung $U_{DR}^{'}$ aus Gl. (7.43) zu berechnen.

7.1.3. Beispiel für eine Zweipunktkorrektur

Anhand des Mikrobolometerarrays X58455005 mit 1024*768 Pixeln (XGA-Format) wird der Ablauf einer Zweipunktkorrektur erläutert. Das zeitliche Rauschen des Arrays beträgt (Bild 4.1.4)

$$U_{DR} = 13{,}9\,. \tag{7.44}$$

Zuerst wird die Verteilung der Signalspannung der Pixel bei einer niedrigen Objekttemperatur aufgenommen. Praktisch wird dazu die Optik mit einer Kappe, welche sich auf Umgebungstemperatur befindet, von außen verschlossen. Der Shutter innerhalb der Kamera ist für diesen Vorgang nicht geeignet, da er sich zwischen Optik und Sensor befindet. Folglich würde der Einfluss der Optik nicht berücksichtigt. Bild 7.2a zeigt den aufgenommenen Pixeloffset bei einer Temperatur der Abdeckkappe von 22,8 °C. Der Mittelwert und die Standardabweichung der Signalspannung sind entsprechend den Gln. (1.2.3) und (1.2.5)

$$\langle U_1 \rangle = -4746 \tag{7.45}$$

und

$$\sigma_1 = 1841\,. \tag{7.46}$$

Das Histogramm (Bild 7.2c) mit seinen zwei Spitzen zeigt sehr gut die im Bild erkennbare Streifenstruktur. Das zweite Bild stellt die Verteilung der Pixeloffsets bei einer Strahlertemperatur von 100 °C dar (Bilder 7.2b und 7.2d). Der Mittelwert und die Standardabweichung betragen

$$\langle U_2 \rangle = 10189 \tag{7.47}$$

und

$$\sigma_2 = 1901\,. \tag{7.48}$$

Aus den aufgenommenen Rohbildern werden mit den Gln. (7.19) und (7.29) die Korrekturwerte *offset* und *gain* berechnet (Bild 7.3).

Im Histogramm der berechneten *offset*-Werte (Bild 7.3c) sind wiederum zwei Spitzen, hervorgerufen durch die Streifenstruktur des Rohbildes, zu erkennen. Der Mittelwert ist erwartungsgemäß Null. Die gain-Werte widerspiegeln gut den Randabfall des Signals durch die Optik (rote Bereiche mit *gain* > 1). Dadurch ist das Histogramm unsymmetrisch. Der Mittelwert beträgt 0,96.

Das korrigierte Signal wurde mit geschlossenem Shutter gemessen (Bild 7.4). Die Shuttertemperatur betrug 34,8 °C. Der Mittelwert des Bildes ist -4180 und die Standardabweichung

$$U_{DRR} = 14\,. \tag{7.49}$$

ϑ_O = 22,8 °C

a)

ϑ_O = 100 °C

b)

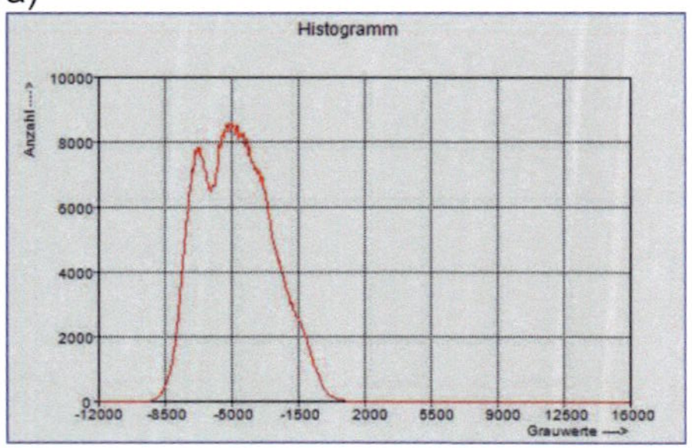

c)

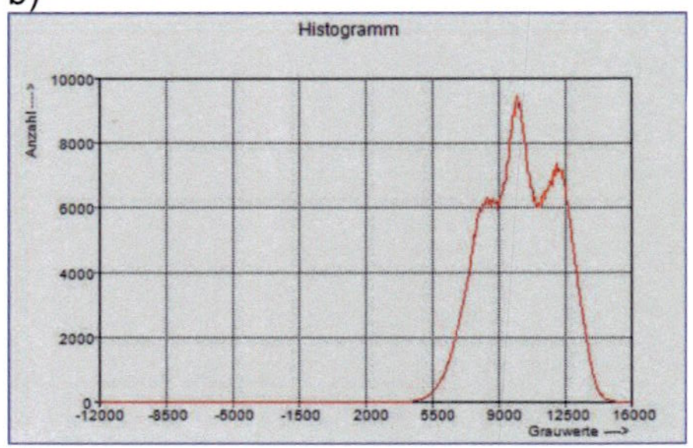

d)

Bild 7.2: IR-Bilder bei a) 22,8 °C und b) 100 °C Strahlertemperatur (Farbkeil in Grauwerten) und c) und d) Histogramme der Grauwerte in den IR-Bilder a) und b). Mikrobolometer X58455005; Bildfrequenz f_B = 25 Hz.

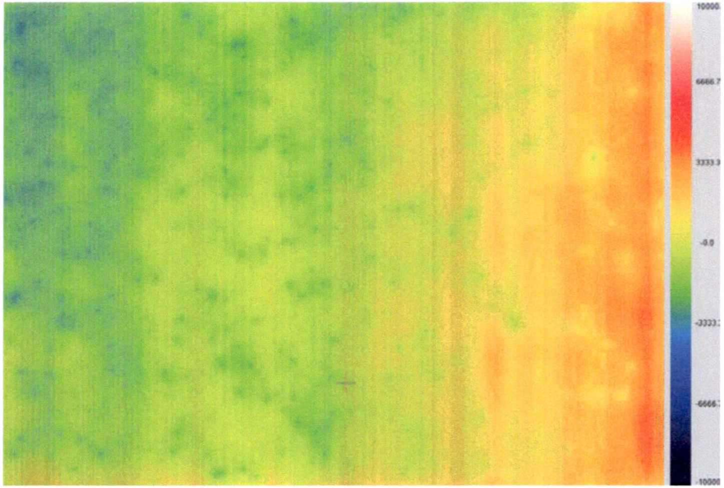

a)

b)

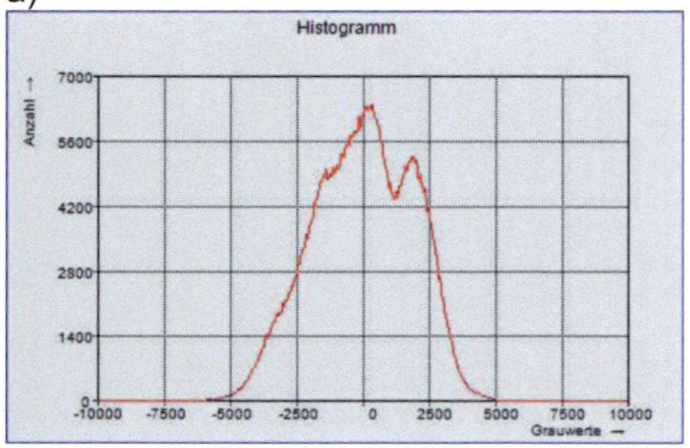

c)

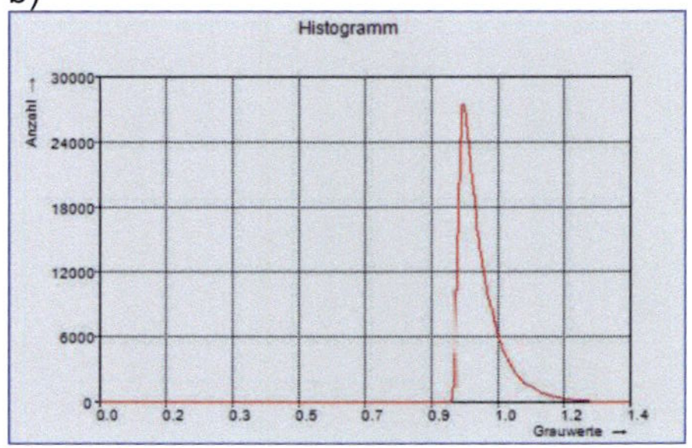

d)

Bild 7.3: Berechnete a) *offset*-Werte und b) *gain*-Werte, c) Histogramm der *offset*-Werte und d) Histogramm der *gain*-Werte; Mikrobolometer X58455005. Bildfrequenz f_B = 25 Hz.

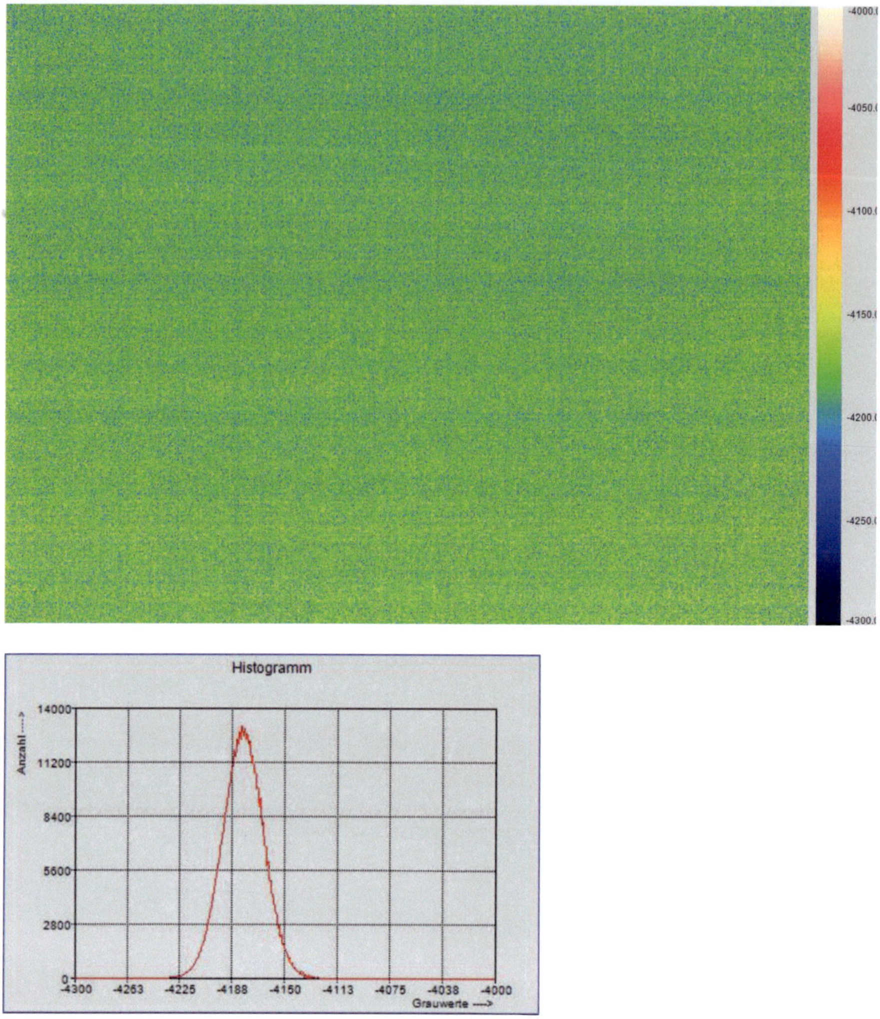

a)

b)

Bild 7.4: Mit den Werten aus Bild 7.3 korrigiertes IR-Bild: a) IR-Bild mit geschlossenem Shutter und b) Histogramm des IR-Bildes; Mikrobolometer X58455005. Bildfrequenz $f_B = 25$ Hz.

Aus den gemessenen Werten können jetzt die Messabweichungen berechnet werden. Die Korrigierbarkeit ist gemäß Gl. (7.36)

$$C = \sqrt{\frac{14}{13{,}9}} \approx 1 . \tag{7.50}$$

Die Pixelkorrektur weicht folglich im Mittel nicht mehr als die Messabweichungen (Rauschen der Pixel) von den Messpunkten ab.

Die Standardabweichungen für die Korrekturparameter sind mit den Gln. (7.39) und (7.40)

$$\sigma_{offset} = \sqrt{13,9^2 \frac{(-4746)^2 + (10189)^2}{(-4746-10189)^2}} = 10,5 \tag{7.51}$$

und

$$\sigma_{gain} = \sqrt{2\frac{13,9^2}{(-4746-10189)^2}} = 0,0013\,. \tag{7.52}$$

Bild 7.5 zeigt die mit Gl. (7.41) berechnete Standardabweichung der korrigierten Pixelspannungen am Beispiel des Mittelpixels (512, 384) über den gesamten Aussteuerbereich. Der Aussteuerbereich des Pixels im gewünschten Temperaturmessbereich von – 20 °C bis +150 °C liegt etwa zwischen -8000 und 20000.

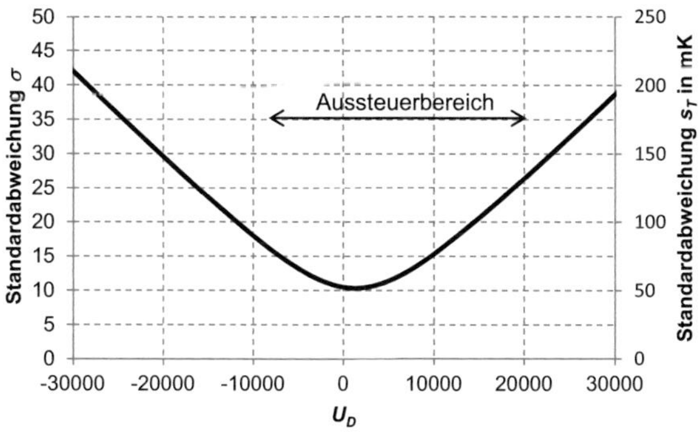

Bild 7.5: Standardabweichung der korrigierten Pixelspannung des Pixels (512, 384) nach Kennlinienkorrektur. $gain_{512,384}$ = 0,96; $offset_{512,384}$ = 604; Mikrobolometer X58455005; Bildfrequenz f_B = 25 Hz.

Besonders aussagekräftig sind nicht die berechneten Grauwerte, sondern die Messabweichungen, ausgedrückt in Temperaturen. Mit einer Temperaturempfindlichkeit laut Datenblatt von

$$R_T = 187\,\mathrm{K}^{-1} \tag{7.53}$$

für das eingesetzte Mikrobolometerarray X5845505 lassen sich mit Hilfe von Gl. (3.1.21) folgende Werte berechnen:

$$NETD = \frac{U_{DR}}{R_T} = 74,3\,\mathrm{mK} \tag{7.54}$$

und

$$\sigma_{T,offset} = \frac{\sigma_{offset}}{R_T} = 56,1\,\mathrm{mK}\ . \tag{7.55}$$

Aus dem räumlichen Rauschwert U_{DRR} (Gl. (7.49)) folgt dann für die inhomogenitätsäquivalente Temperaturdifferenz (Abschnitt 3.1g,)

$$IEDT = \frac{U_{DRR}}{R_T} = 74{,}9\,\mathrm{mK}\,. \tag{7.56}$$

Die gesamte rauschäquivalente Temperaturdifferenz der IR-Kamera beträgt

$$NETD_{gesamt} = \sqrt{NETD^2 + IEDT^2} = 105{,}5\,\mathrm{mK}\,. \tag{7.57}$$

7.2. Temperaturabhängige Korrektur der Kennlinie bei TEC-losen Arrays

Die im Abschnitt 7.1. beschriebene Korrektur der Ungleichförmigkeit muss bei konstanter Umgebungstemperatur und somit bei konstanter Sensortemperatur durchgeführt werden. Ändert sich hingegen die Umgebungstemperatur, hat das bei TEC-losen Mikrobolometerarrays auch eine Änderung der Sensortemperatur und damit der Sensorparameter Pixeloffset und Empfindlichkeit zur Folge. Deshalb ist für diesen Sensortyp als weiterer Abgleichschritt die Korrektur der temperaturabhängigen Normkennlinie notwendig. Diese Korrektur erfordert zwingend die Kenntnis der Sensortemperatur ϑ_C. Der Index *C*, wie Chip, symbolisiert dabei die Messung der Sensortemperatur durch einen im ROIC integrierten Temperaturfühler.

Ausgangspunkt der temperaturabhängigen Kennlinienkorrektur ist die bereits korrigierte Pixelspannung U_{korr} nach Gl. (7.4). Die temperaturabhängige Kennlinienkorrektur ist für alle Pixel gleich. Daher sind keine pixelbezogene Betrachtungen erforderlich.

7.2.1. Korrektur der Empfindlichkeitstemperaturabhängigkeit

Werden in einem IR-Bild zwei Strahler mit unterschiedlicher, aber konstanter Temperatur abgebildet, so wächst mit steigender Sensortemperatur die Differenzspannung zwischen ihnen. Diese Temperaturabhängigkeit der Empfindlichkeit lässt sich mit einem Polynom zweiten Grades beschreiben (siehe auch Abschnitt 3.2) /7.6/:

$$G_V\left(\vartheta_C\right)=\frac{R_V}{R_V\left(\vartheta_{C0}\right)}=g_2\vartheta_C^2+g_1\vartheta_C+g_0 \tag{7.58}$$

mit den Polynomkoeffizienten g_2, g_1 und g_0 und der Sensortemperatur ϑ_{C0}, bei der die Normkennlinie berechnet wurde. Die Bestimmung des Polynoms in Gl. (7.58) erfolgt zusammen mit den Messungen zur Korrektur der Offsettemperaturabhängigkeit (Abschnitt 7.2.b). Aus den dort aufgezeichneten Daten werden die Messreihen $U_{BB1,i}$ und $U_{BB2,i}$ für zwei Pixel, die auf zwei Strahler mit konstanter Temperatur (ϑ_{BB1} und ϑ_{BB2}, mit $\vartheta_{BB1} \neq \vartheta_{BB2}$) schauen, extrahiert und die Differenz gebildet:

$$\Delta U_{BB,i}\left(\vartheta_C\right)=U_{BB1,i}\left(\vartheta_C\right)-U_{BB2,i}\left(\vartheta_C\right)\ . \tag{7.59}$$

Mit den Differenzdaten wird dann ein Polynomfit durchgeführt. Da sehr viele Messpunkte vorhanden sind, wird zur Auswertung der Daten das Programm MATLAB® eingesetzt. Es berechnet mit den Befehlen *polyfit* und *polyval* die Polynomkoeffizienten und schätzt die Standardabweichung nach dem im Abschnitt 7.1 dargelegten Prinzip des kleinsten Fehlerquadrates. Abschließend erfolgt eine Normierung des berechneten Polynoms auf die Sensortemperatur ϑ_{C0}.

7.2.2. Korrektur der Offsettemperaturabhängigkeit

Der Gleichspannungsarbeitspunkt (Pixeloffset) ist ebenfalls temperaturabhängig und lässt sich mit einem Polynom dritten Grades beschreiben (siehe auch Abschnitt 3.2) /7.6/:

$$O_V\left(\vartheta_C\right)=o_3\vartheta_C^3+o_2\vartheta_C^2+o_1\vartheta_C+o_0 \tag{7.60}$$

mit den Polynomkoeffizienten o_3, o_2, o_1 und o_0. Diese Änderung des Pixeloffsets kann nicht direkt gemessen werden, da sich bei variabler Umgebungstemperatur sowohl die Kamerainnentemperatur ϑ_K als auch die Sensortemperatur ϑ_C ändern. Somit überlagern sich die Strahlungsflussänderung aus dem Kamerainnenraum und die Änderung des Pixeloffsets. Die Ausgangsspannung U_P des Pixels berechnet sich demnach als Summe aus dem Pixeloffset U_C und den Signalspannungen U_K und U_O des Kamerainnenraums und des Objekts:

$$U_P\left(\vartheta_U\right)=U_O+U_K\left(\vartheta_K\right)+U_C\left(\vartheta_C\right). \tag{7.61}$$

Während einer Kalibrierung sind die Spannung U_P des Pixels, die Signalspannung U_O, hervorgerufen von einem schwarzen Strahler mit konstanter Temperatur ϑ_{BB}, und die Temperaturen ϑ_K und ϑ_C des Kamerainnenraums und des Sensors bekannt.

Ändert sich die Umgebungstemperatur, folgen zunächst Optik und Gehäuse und danach der Sensor dieser Temperaturänderung (Bild 7.6). Das führt zu unterschiedlichen Totzeiten. Da die Wärmekapazitäten der einzelnen Kamerakomponenten verschieden sind, differieren auch die Zeitkonstanten (Tabelle 7.1). Dadurch messen die einzelnen Temperatursensoren bei einem Temperatursprung der Umgebung leicht abweichende Temperaturverläufe. Deshalb ist es möglich, den Pixeloffset U_C vom Kamerainnensignal U_K zu unterscheiden. Die Lage der Temperatursensoren ist im Bild 4.3.2 dargestellt.

Tabelle 7.1: Totzeiten und Zeitkonstanten der Temperaturmessung bei sprunghafter Umgebungstemperaturänderung.

Messstelle	Totzeit	Zeitkonstante
Optik (Gehäuse)	60 s	700 s
Innenraum (Shutter)	100 s	1500 s
Sensor	120 s	1100 s

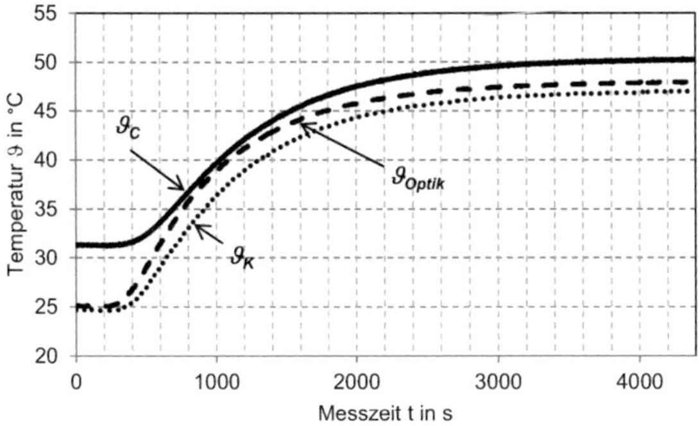

Bild 7.6: Temperaturverlauf der Sensortemperatur ϑ_C, der Optiktemperatur ϑ_{Optik} und der Kamerainnenraumtemperatur ϑ_K bei einem Temperatursprung der Umgebungstemperatur von 22 °C auf 45 °C bei t = 200 s. Mikrobolometer X58455005.

Die Temperaturabhängigkeit des Pixeloffsets $U_K(\vartheta_K)$ wird durch Gl. (7.60) beschrieben. Die Signalspannung U_K, hervorgerufen durch die Kamerainnentemperatur ϑ_K, wird mit einem quadratischen Polynom

$$U_K\left(\vartheta_K\right) = a_K \vartheta_K^2 + b_K \vartheta_K + c_K \tag{7.62}$$

berechnet, wobei die Polynomkoeffizienten a_K, b_K und c_K zunächst unbekannt sind. Wird zum Zeitpunkt t_i mit den Temperaturen $\vartheta_{C,i}$ und $\vartheta_{K,i}$ ein Messwert aufgenommen, gilt bei Überlagerung der Gleichungen (7.61) und (7.62):

$$U_i = U_O + o_3 \vartheta_{C,i}^3 + o_2 \vartheta_{C,i}^2 + o_1 \vartheta_{C,i} + a_K \vartheta_{K,i}^2 + b_K \vartheta_{K,i} + c \tag{7.63}$$

mit der zusammengefassten Konstante

$$c = o_0 + c_K\,. \tag{7.64}$$

Zeichnet man nun eine Messreihe mit i = 1, 2… I Messungen unter Variation der Umgebungstemperatur auf, ergeben sich folgende Vektoren:

$$U_i = \begin{bmatrix} U_O & \vartheta_{C,i}^3 & \vartheta_{C,i}^2 & \vartheta_{C,i} & \vartheta_{K,i}^2 & \vartheta_{K,i} & 1 \end{bmatrix} \begin{bmatrix} 1 \\ o_3 \\ o_2 \\ o_1 \\ a_k \\ b_k \\ c \end{bmatrix}. \tag{7.65}$$

Diese Messreihen nimmt man mit drei unterschiedlichen Objekttemperaturen, die jeweils aber konstant sind, auf. Im IR-Bild werden demnach drei Strahler mit unterschiedlichen Temperaturen ϑ_{O1}, ϑ_{O2} und ϑ_{O3} abgebildet:

$$U_n = \mathbf{A}_n \mathbf{X} \tag{7.66}$$

mit $n = 1, 2, 3$ und den Vektoren

$$\mathbf{A}_n = \begin{bmatrix} U_{O,n} & \vartheta_{C,i}^3 & \vartheta_{C,i}^2 & \vartheta_{C,i} & \vartheta_{K,i}^2 & \vartheta_{K,i} & 1 \end{bmatrix} \tag{7.67}$$

und

$$\mathbf{X} = \begin{bmatrix} 1 \\ o_3 \\ o_2 \\ o_1 \\ a_k \\ b_k \\ c \end{bmatrix}. \tag{7.68}$$

Die Messreihen können nun in Matrixschreibweise dargestellt werden:

$$\mathbf{U} = \mathbf{AX} \tag{7.69}$$

mit

$$\mathbf{U} = \begin{bmatrix} U_1 \\ U_2 \\ U_3 \end{bmatrix} \tag{7.70}$$

und

$$\mathbf{A} = \begin{bmatrix} \mathbf{A}_1 \\ \mathbf{A}_2 \\ \mathbf{A}_3 \end{bmatrix}. \tag{7.71}$$

Der Vektor **X** beinhaltet die gesuchten Polynomkoeffizienten. Die Lösung dieses mit $I >> 3$ überbestimmten Gleichungssystems kann mit der GAUßschen Normalengleichung berechnet werden (siehe auch Anhang A.1):

$$\mathbf{X} = \left(\mathbf{A}^{\mathrm{T}}\mathbf{A}\right)^{-1} \mathbf{A}^{\mathrm{T}}\mathbf{U}. \tag{7.72}$$

Damit kennt man die gesuchten Polynomkoeffizienten, insbesondere die des Sensoroffsets o_3, o_2 und o_1. Die noch fehlende Konstante o_0 kann beliebig gewählt werden. Sinnvoller Weise setzt man sie so, dass der Wertebereich der Grauwerte erhalten bleibt:

$$o_0 = -\left(o_3 \vartheta_{C0}^3 + o_2 \vartheta_{C0}^2 + o_1 \vartheta_{C0}\right). \tag{7.73}$$

Zieht man vom empfindlichkeitskorrigierten Signal den berechneten Wert nach Gl. (7.60) ab

$$U_{Pixel} = \left[U_{korr} / G_V\left(\vartheta_C\right)\right] - \left(o_3\vartheta_C^3 + o_2\vartheta_C^2 + o_1\vartheta_C + o_0\right) , \tag{7.74}$$

so verhält sich die Kamera wie eine Kamera mit temperaturstabilisiertem Mikrobolometer.

Aus Gl. (7.72) erhält man außerdem die Varianzmatrix /7.7/:

$$\mathbf{V} = \left(\mathbf{A}^{\mathrm{T}}\mathbf{A}\right)^{-1} \boldsymbol{\varepsilon} . \tag{7.75}$$

Die Kehrmatrix $\left(\mathbf{A}^{\mathrm{T}}\mathbf{A}\right)^{-1}$ enthält die Varianzen (Werte in der Diagonale) und die Kovarianzen der Polynomkoeffizienten. Die Kehrmatrix ist symmetrisch. Für den Vektor $\boldsymbol{\varepsilon}$ der Messabweichungen gilt:

$$\boldsymbol{\varepsilon} = \frac{1}{I-K}\begin{bmatrix} \sigma_U^2 \\ \left(\sigma_C^2\right)^3 \\ \left(\sigma_C^2\right)^2 \\ \sigma_C^2 \\ \left(\sigma_K^2\right)^2 \\ \sigma_K^2 \\ 0 \end{bmatrix} \tag{7.76}$$

mit der Anzahl der Messungen *I*, dem Freiheitsgrad *K* und den Varianzen der Messungen des Pixelwertes σ_U^2 , der Sensortemperatur σ_C^2 und der Kameratemperatur σ_K^2.

7.2.3. Beispiel der temperaturabhängigen Kennlinienkorrektur

An dieser Stelle soll das Beispiel aus Abschnitt 7.1.3 fortgesetzt werden. Der verwendete Messaufbau wurde im Abschnitt 4.2.3 vorgestellt. Vom eingesetzten Vierfachstrahler werden drei Schwarzkörper zur Messung benötigt. Deren Temperaturen sind ϑ_{BB1} = 77,7 °C, ϑ_{BB2} = 48,5 °C und ϑ_{BB3} = 15,0 °C. Als Pixelspannung wird immer der Mittelwert eines Bereiches (ROI) konstanter Temperatur der jeweiligen Strahlerfläche angenommen (Bild 7.7). Eine achtfache Mittelwertbildung (siehe Abschnitt 4.1.1) verringert das Pixelrauschen wesentlich.

Bild 7.7: Messszene bei einer Sensortemperatur von ϑ_C = 34,2 °C. Weiß: Temperaturen der zur Messung benutzten Strahlerflächen; Mikrobolometer X58455005; Bildfrequenz f_B = 25 Hz.

Mit Messbeginn wird die Umgebungstemperatur der Kamera im Temperaturschrank auf die gleiche Temperatur gesetzt, mit der auch die Zweipunktkorrektur durchgeführt wurde (ϑ_U = 22,8 °C). Damit ist auch die entscheidende Sensortemperatur ϑ_C = 30,8 °C. Im Bild 7.8 ist das gefahrene Umgebungstemperaturprofil dargestellt. Die unterschiedlich langen Zeitabschnitte ergeben sich aus der Wartezeit bis zum eingeschwungenen Zustand der Kamera. Das ist der Fall, wenn alle notwendigen Kenngrößen etwa 95 % ihres Endwertes erreicht haben.

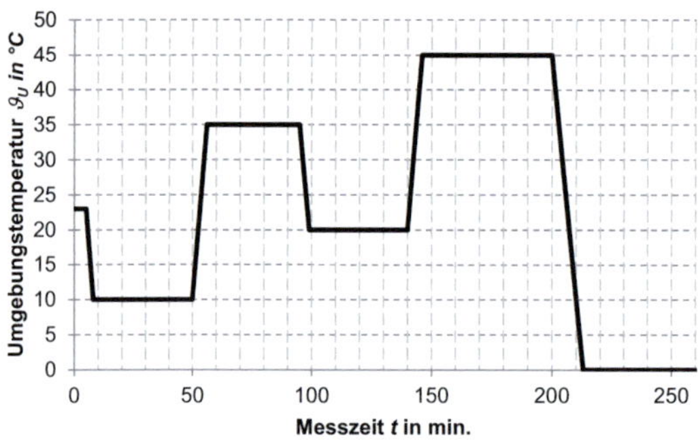

Bild 7.8: Messregime nach Beginn der Messung im eingeschwungenen Zustand.

Hat sich die Sensortemperatur oder die Kameratemperatur um etwa 0,5 K geändert, wird geshuttert. Anschließend erfolgt die Aufnahme der Messwerte. Gemessen werden jeweils die Pixelspannungen der drei Strahler sowie die Temperaturen des Sensors und des Kamerainnenraumes (Bild 7.9). Das ergibt zwar bezüglich der Zeit keine äquidistanten Messwerte, führt aber zu einer moderaten Anzahl von Messpunkten (ca. 500). Messungen mit äquidistanten Messwertaufnahmen führten zu keinen signifikanten Änderungen im Messergebnis, sondern erhöhten nur unnötigerweise die erfassten Datenmengen, z.B. auf 5000 Messpunkte.

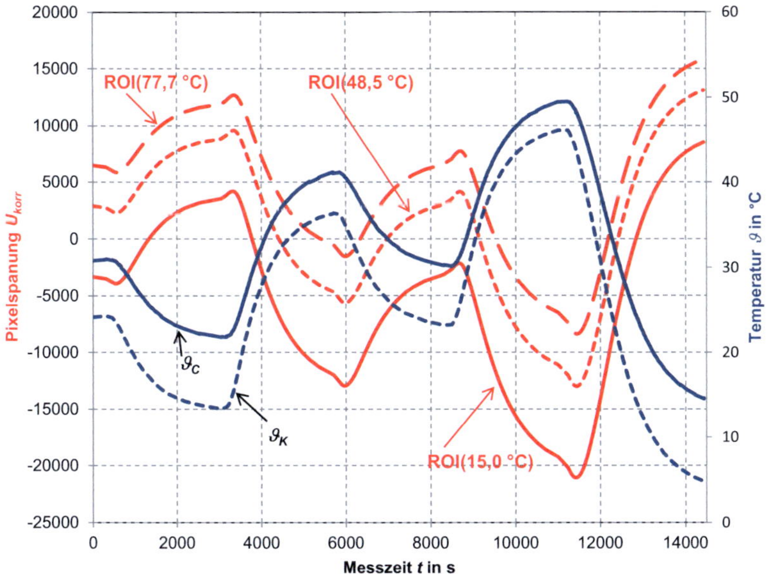

Bild 7.9: Messergebnis bei der Temperaturfahrt von Bild 7.8. Rote Kurven: linke Abszisse, blaue Kurven: rechte Abszisse; Mikrobolometer X58455005; Bildfrequenz f_B = 25 Hz.

Die Auswertung der Daten erfolgt mit dem Programm MATLAB®. Als erstes wird das Polynom zur Empfindlichkeitskorrektur berechnet (Bild 7.10). Dabei ist zu beachten, dass die Werte außerhalb des Messbereiches, in diesem Beispiel liegt die Sensortemperatur zwischen 12 °C und 50 °C, extrapoliert wurden. Die Standardabweichung σ_G ist für eine Sensortemperatur unter 70 °C kleiner als 1 % (Bild 7.11).

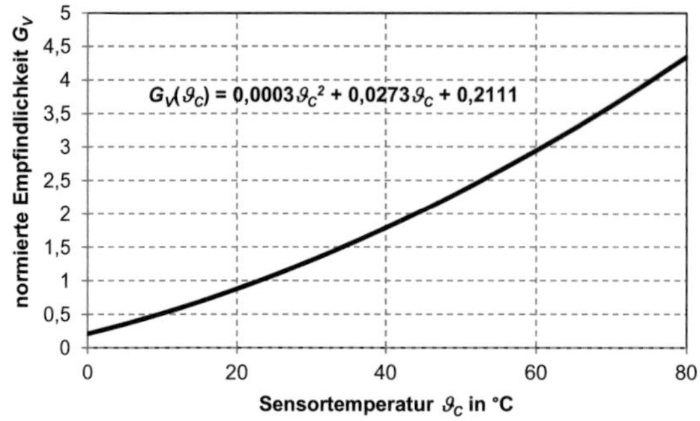

Bild 7.10: Gemessene Empfindlichkeitstemperaturabhängigkeit $G_V(\vartheta_C)$ des Mikrobolometers X58455005. Bildfrequenz f_B = 25 Hz.

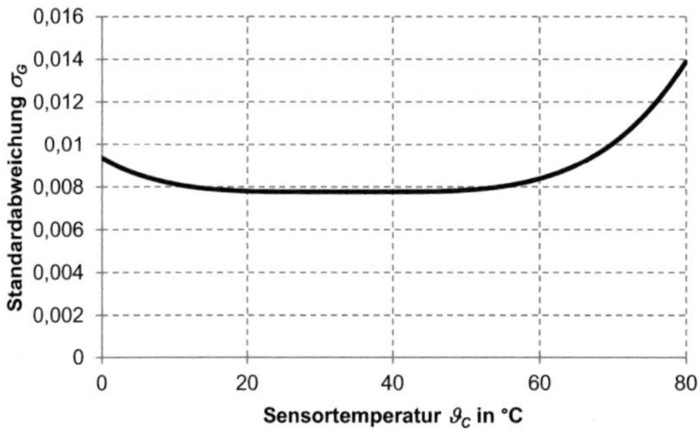

Bild 7.10: Standardabweichung σ_G der aus der Sensortemperatur berechneten Empfindlichkeitstemperaturabhängigkeit G_V aus Bild 7.10.

Vor der Weiterverarbeitung der Messwerte muss die Temperaturabhängigkeit der Empfindlichkeit korrigiert werden:

$$U'_{korr,mn} = \frac{U_{korr,mn}}{G_V} \qquad \text{Gl.(7.77)}$$

mit der zweipunktkorrigierten Pixelspannung $U_{korr,mn}$ nach Gl. (7.4).

Dann kann man die Koeffizienten des Polynoms in Gl. (7.60) mit Hilfe der Gl. (7.71) berechnen (Bild 7.11).

Bild 7.12 zeigt die Wirkung der Korrektur der Temperaturabhängigkeit von Empfindlichkeit und Offset. Dort wurde die Kurve des ROIs einer Strahlertemperatur von 77,7 °C über der Sensortemperatur aufgetragen. Die Kurve beginnt bei einer Sensortemperatur von etwa 30 °C (ungefähr in der Diagrammmitte) und läuft dann entsprechend dem Temperaturregime bis 14 °C Sensortemperatur. Für unterschiedliche Sensortemperaturen werden unterschiedliche Pixelspannungen U_{korr} angezeigt, obwohl die Strahlertemperatur konstant 77,7 °C betrug. Nach der Korrektur ist die Pixelspannung U_{Pixel} eindeutig bezüglich der Sensortemperatur.

Die Abhängigkeit der Pixelspannung von der Sensortemperatur entsteht jetzt durch die Temperaturänderung der Kamera. Daher rührt auch der positive Anstieg der Geraden. Dieses Verhalten wird im Abschnitt 9 mit Hilfe der Shutterkorrektur behandelt, da es dem der Mikrobolometer mit konstanter Sensortemperatur entspricht. Als Korrekturparameter dient dabei die bei TEC-losen Mikrobolometern zur Sensortemperatur proportionale Kameratemperatur.

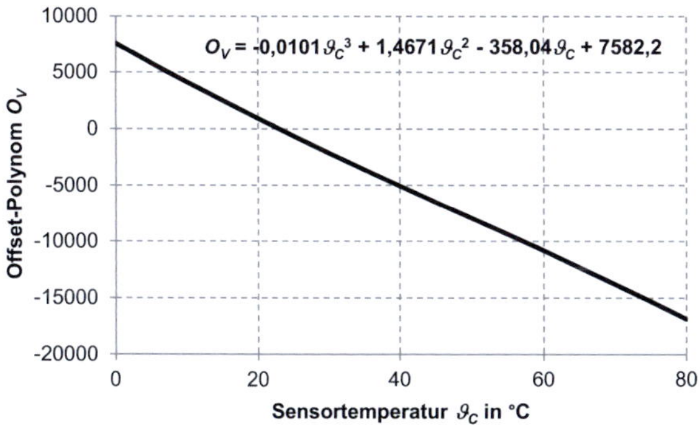

Bild 7.11: Temperaturabhängigkeit des Offsets des Mikrobolometers X58455005. Bildfrequenz f_B = 25 Hz.

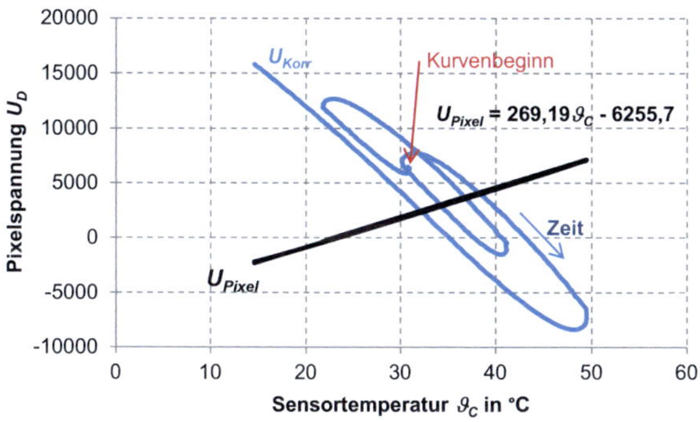

Bild 7.12: Wirkung der Temperaturabhängigkeitskorrekturen. Blaue Kurve: Pixelspannung U_{korr} des ROIs mit 77,7 °C aus Bild 7.8; schwarze Kurve: Korrigierte Pixelspannung U_{Pixel} mit Regressionsgeradengleichung.

Abschließend muss noch die Messabweichung abgeschätzt werden. Dazu wird die Differenz zwischen der Regressionsgeraden U_{reg} aus Bild 7.12 und den tatsächlich berechneten Pixelspannungen U_{Pixel} gebildet (Bild 7.13):

$$\Delta U_D(\vartheta_C) = U_{reg}(\vartheta_C) - U_{Pixel}(\vartheta_C). \tag{7.78}$$

Aus der absoluten Abweichung kann dann die Standardabweichung kalkuliert werden:

$$\sigma_{Pixel} = 58{,}5 \tag{7.79}$$

bzw.

$$\sigma_{Pixel} = 313\,\text{mK}\,. \tag{7.80}$$

Diese Standardabweichung ist deutlich größer als die Standardabweichung der Zweipunktkorrektur. TEC-lose Mikrobolometer haben erwartungsgemäß auf Grund der Temperaturabhängigkeit ihrer Parameter eine deutlich größere Messabweichung!

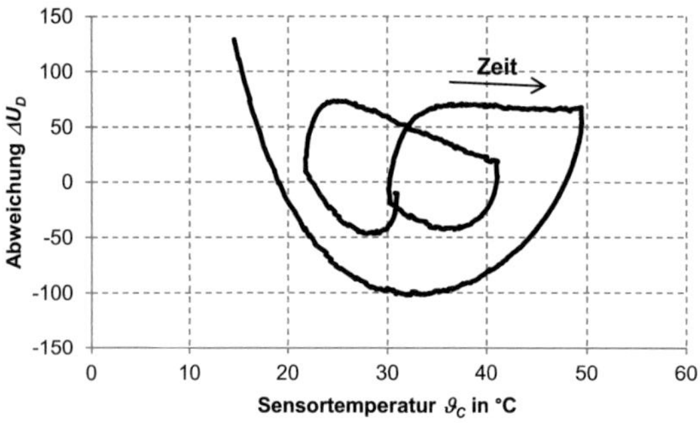

Bild 7.13: Abweichung zwischen der Regressionsgeraden U_{reg} der korrigierten Pixelspannung und den berechneten Werten U_{Pixel} aus Bild 7.12.

8. Korrektur defekter Pixel

Aufgrund des schwierigen Herstellungsprozesses von Mikrobolometerarrays weisen alle Pixel unterschiedliche Parameter, wie Arbeitspunkte, Kennlinien und Rauschen, auf. Pixel, die entweder gar nicht funktionieren oder deren Parameter vom Mittelwert stark abweichen, werden als nicht funktionsfähig bzw. defekt definiert. Gemeinhin werden defekte Pixel als „tote" Pixel bezeichnet.

Defekte Pixel äußern sich als Pixelfehler im IR-Bild. Ihr eigentlicher Wert kann nur mit Hilfe der Nachbarpixel geschätzt werden. Der Messwert an dieser Stelle des IR-Bildes ist nicht mehr rekonstruierbar. Deshalb ist die Anzahl toter Pixel ein wichtiges Qualitätsmerkmal von Mikrobolometern. Üblicher Weise sollten maximal 1 % aller Pixel defekt sein.

Zu Beginn der Ausführungen wird definiert, wann ein Pixel als defekt gilt und wie viele defekte Pixel zulässig sind (Abschnitt 8.1), um dann Methoden zur Pixelkorrektur vorzustellen (Abschnitt 8.2). Die angegebenen Zahlenwerte und zum Teil auch die Definitionen sind /8.1/ bis /8.3/ entnommen, wobei die meisten Zahlenangaben Erfahrungswerte sind.

8.1. Definition und Zulässigkeit defekter Pixel

Ein Pixel gilt als defekt, wenn eine der folgenden Bedingungen erfüllt ist:

- Der Arbeitspunkt liegt außerhalb des zuvor definierten Spannungsbereiches ΔU_{AP} der Offsetwertstreuung (Abschnitt 6).
- Die Empfindlichkeit weicht mehr als ±10 % vom Mittelwert ab.
- Die Rauschspannung ist 1,5-fach größer als die mittlere Rauschspannung des Arrays.

Weiterhin existiert eine Gruppe defekter Pixel, die sich, trotzdem sie obige Bedingungen nicht erfüllen, anders verhalten und als defekt einzuordnen sind. Das sind z.B. Kurzschlüsse zwischen benachbarten Pixeln oder nichtlineare Kennlinien einzelner Pixel. Bild 8.1 zeigt ein Rohbild mit einer Vielzahl defekter Pixel (schwarze Punkte).

Defekte Pixel treten nicht nur einzeln, sondern auch in Clustern auf. Ein Cluster toter Pixel ist eine Gruppe von mindestens zwei defekten Pixeln, die nebeneinander oder über Eck zusammen liegen. Cluster werden durch ihre Größe, d.h. durch die Anzahl der defekten Pixel, charakterisiert. Im Bildausschnitt 8.1b sind Cluster gut zu erkennen. Besonders kritisch sind defekte Zeilen oder Spalten, da diese trotz einer Korrektur im IR-Bild immer auffallen. Eine Spalte bzw. eine Zeile gilt als defekt, wenn mehr als 50 % aller Pixel nicht funktionieren.

Da die Anzahl defekter Pixel eines Mikrobolometerarrays ein wichtiges Qualitätsmerkmal darstellt, geben die Hersteller spezielle Spezifikationen an, die die maximal zulässige Anzahl von defekten Pixeln definieren. Im Zentrum eines IR-Bildes fallen defekte Pixel besonders auf. Deshalb wird die Bildfläche in mindestens zwei Zonen eingeteilt (Bild 8.2). Im mittleren Bereich (Zone A) werden höhere Anforderungen an die Funktionalität der Pixel gestellt als im Randbereich (Zone B). Tabelle 8.1 zeigt eine Spezifikation zulässiger defekter Pixel.

a) 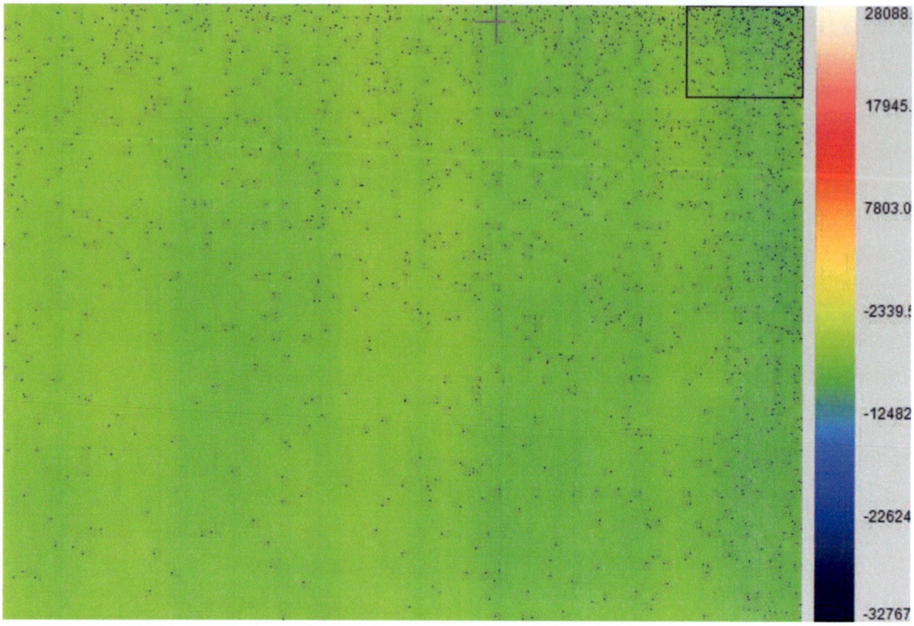

b) 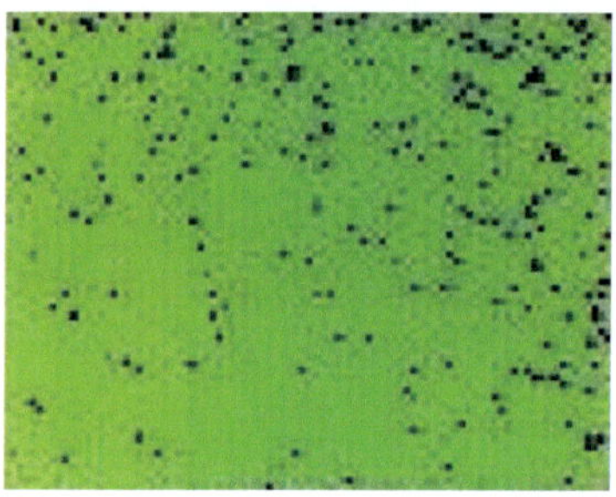

Bild 8.1: Rohbild mit 1926 defekten Pixeln (0,6 %). a) gesamtes Mikrobolometerarray und b) darin oben rechts markierter Ausschnitt (90 x 70 Pixel). Defekte Pixel sind schwarz. Mikrobolometerarray U89079-33; Bildfrequenz f_B = 50 Hz.

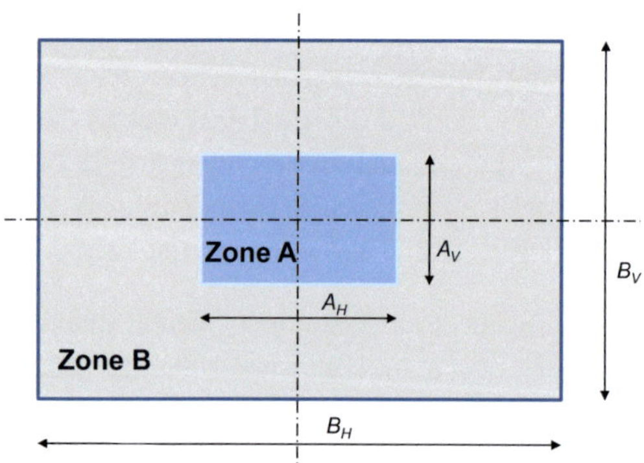

Format B_H*B_V	A_H	A_V
384 x 288	80	60
640 x 480	160	120
1024 x 768	256	192

Bild 8.2: Typische Unterteilung von IR-Mikrobolometerarrays in Mitten- (Zone A) und Randzone (Zone B).

Tabelle 8.1: Spezifikation der zulässigen defekten Pixel.

Typ	Zone	Defekte Pixel	Beispiel Bild 8.2
Cluster	A	keine mit mehr als 2 defekten Pixeln	0
	B	maximale Clustergröße 9 Pixel	1 Cluster mit 5 Pixeln 4 Cluster mit 4 Pixeln 22 Cluster mit 3 Pixeln 90 Cluster mit 2 Pixeln
Spalten und Zeilen	A	0	0
	B	1 Zeile oder Spalte	0
Funktionalität	A	99,5 %	99,7 % (59 Pixel)
	B	99 %	99,3 % (1867 Pixel)

Die Erkennung defekter Pixel verläuft in drei Schritten (Ablaufplan im Bild 5.1).

1. Die erste Defektpixeldetektion muss vor der Kennlinienkorrektur erfolgen. Hier werden alle defekten Pixel erfasst, die sich außerhalb der zuvor definierten Schwankungsbreite der Pixelarbeitspunkte befinden. Das sind in erster Linie Pixel, die außerhalb des Aussteuerbereiches liegen und somit die Lage der Normkennlinie beeinflussen. Des Weiteren werden alle zu stark rauschenden Pixel eliminiert.
2. Die zweite Defektpixeldetektion erfolgt mit Hilfe der berechneten Gain- und Offsetwerte nach der Kennlinienkorrektur. Hier werden defekte Pixel erkannt, die eine zu starke Abweichung von der Normkennlinie haben.
3. Die dritte Defektpixeldetektion führt man zum Abschluss der Kalibrierung durch. Dabei werden alle noch nicht detektierten defekten Pixel erfasst. Dies erfolgt durch Betrachtung des IR-Bildes bei unterschiedlichen Aussteuerungen und kontrastreichen Szenen.

Während die ersten beiden Defektpixeldetektionen rechentechnisch erfolgen können, wird die abschließende Detektion manuell durchgeführt. Dazu gehört auch, die Korrektur der Cluster zu überprüfen und gegebenenfalls die Korrekturmethode zu ändern.

8. 2. Methoden zur Defektpixelkorrektur

An der Stelle eines defekten Pixels existiert kein Messwert. Dieser kann nur aus der Umgebung geschätzt werden. Ziel der Neuberechnung des Pixelwertes ist dabei immer ein visuell guter Bildeindruck, d.h. einem Betrachter des IR-Bildes darf ein defektes Pixel nicht auffallen. Die Berechnung des Pixelwertes erfolgt dabei mit Methoden der Bildvorverarbeitung.

Ein einfaches Verfahren zur Eliminierung eines defekten Pixels ist ein Ersatz durch seinen Vorgänger. Das n-te Pixel wird dabei durch das (n-1)-te Pixel ersetzt. Dies erfolgt vorzugsweise in sehr einfachen Systemen, die keine umfangreiche Signalvorverarbeitung bieten. Cluster können mit dieser Methode in der Regel nicht eliminiert werden. Dieses Verfahren sollte mit Ausnahme der Korrektur von Randpixeln in temperaturmessenden IR-Kameras nicht angewandt werden, da so korrigierte Pixel z.B an Kanten immer noch auffallen.

Der Ersatz defekter Pixel erfolgt im Ortsbereich mit lokalen Operatoren. Lokale Operatoren berechnen den Bildpunkt in Abhängigkeit von seiner Umgebung /7.4/. Geeignet für die Korrektur defekter Pixel sind Faltungs- und Rangordnungsoperatoren. Für die Berechnung einzelner defekter Pixel bzw. kleiner Cluster werden Operatormasken mit einer Größe von 3x3 eingesetzt. Für größere Cluster kommen größere Operatormasken, z.B. 5x5, zur Anwendung. Im Folgenden werden einige mögliche Operatoren vorgestellt.

Geeignete Faltungsoperatoren sind Glättungsoperatoren, wie Mittelwert oder gewichteter Mittelwert. Unter der Voraussetzung, dass das defekte Pixel nicht in die Berechnung einbezogen werden darf, lauten die Faltungskerne für die Mittelwertbildung

$$h = \frac{1}{8}\begin{pmatrix} 1 & 1 & 1 \\ 1 & 0 & 1 \\ 1 & 1 & 1 \end{pmatrix} \tag{8.1}$$

und für die gewichtete Mittelwertbildung

$$h = \frac{1}{12}\begin{pmatrix} 1 & 2 & 1 \\ 2 & 0 & 2 \\ 1 & 2 & 1 \end{pmatrix}. \tag{8.2}$$

Die Berechnungsvorschrift für die Spannung U_{mn}, die ein defektes Pixel ersetzt, ist dann:

$$U_{mn} = \sum_{i=-1}^{1}\sum_{j=-1}^{1} U_{m-i,n-j} h_{i+2,j+2} \,. \tag{8.3}$$

Als Rangordnungsoperator lässt sich der Medianoperator anwenden. Er ordnet dem defekten Pixel den Wert des mittleren Pixels der sortierten Umgebungspixel zu. Für einzelne defekte Pixel kann als Maskengröße wiederum 3x3 angesetzt werden. Auch hier ist bei der Aufstellung der Rangfolge das defekte Pixel wegzulassen.

Welche Methode eingesetzt wird, hängt von der Art der defekten Pixel ab. Einzelne defekte Pixel lassen sich am besten mit dem Medianoperator beseitigen. Die Mittelwertoperatoren führen bei größeren Clustern zu guten Ergebnissen. Gegebenenfalls muss ausprobiert werden, welche Methode die besten Ergebnisse liefert. Bild 8.3 demonstriert die Anwendung des Medianoperators auf die im Bild 8.1 erkennbaren defekten Pixel. An den Bildrändern sind danach noch defekte Pixel vorhanden, die mit einer 3x3-Maske des Medianoperators nicht ersetzt werden konnten. Für Bildränder müssen deshalb spezielle nichtquadratische Operatoren zur Anwendung kommen oder defekte Randpixel werden durch ihre Nachbarpixel ersetzt.

Die Korrektur defekter Pixel erfolgt nach der Kennlinienkorrektur.

a)

b)

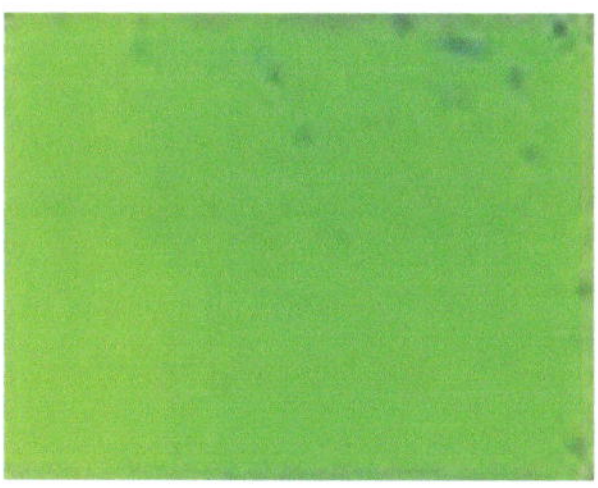

Bild 8.3: a) Rohbild aus Bild 8.1 mit Medianoperator gefiltert und b) darin oben rechts markierter Ausschnitt vergrößert (90 x 70 Pixel). Mikrobolometerarray U89079-33; Bildfrequenz f_B = 50 Hz.

9. Umgebungstemperaturkorrektur

Um aus Gl. (3.2.12) die Strahldichte bzw. die Objekttemperatur berechnen zu können, muss die Strahldichte L_K des Kamerainnenraumes bekannt sein. Diese wird bei der radiometrischen Kalibrierung (Abschnitt 10) für eine bestimmte Innentemperatur ϑ_{K0} bestimmt. Variiert nun infolge einer Umgebungstemperaturänderung die Kameratemperatur ϑ_K, muss der Strahldichtewert des Kamerainnenraumes entsprechend angepasst werden. Diesen Vorgang nennt man Umgebungstemperaturkorrektur.

In Abschnitt 9.1 erfolgt zunächst die Berechnung der Temperaturabhängigkeit der Strahldichte L_K des Kamerainnenraumes. Abschnitt 9.2 stellt danach ein Messverfahren zur Bestimmung der sogenannten Shutterkennlinie vor.

9.1. Temperaturabhängigkeit der Strahldichte des Kamerainnenraumes

Die radiometrische Kalibrierung bezieht sich auf die Kamerainnentemperatur ϑ_{K0}. Bei geschlossenem Shutter ist die Bestrahlungsstärke eines Pixels (Gl. (3.2.8)) dann

$$E_{K0,mn} = \left(L_{K0,mn} - L_S\right)\omega_{HR} \tag{9.1}$$

mit der Strahldichte $L_{K0,mn}$ des Kamerainnenraumes, der Strahldichte L_S des Pixels und dem reduzierten Raumwinkel des Halbraumes ($\omega_{HR} = \pi$). Ändert sich jetzt die Kameratemperatur, gilt bei geöffnetem Shutter:

$$E_{O,mn} = L_O\omega_{FOV} + L_{K,mn}\omega_K - L_{K0,mn}\omega_{HR} \tag{9.2}$$

mit der Strahldichte L_O des Objekts, dem reduzierten Raumwinkel ω_K des Kamerainnenraumes und dem reduzierten Raumwinkel ω_{FOV} des Objekts. Mit $L_K = L_{K0}$ ergibt sich sofort Gl. (3.2.11). Nach der Kennlinienkorrektur misst man für alle Pixel die gleiche Temperaturabhängigkeit. Unter Berücksichtigung von Gl. (3.2.12) gilt dann für die bei der Kamerainnentemperatur ϑ_K gemessene Spannung eines beliebigen Pixels:

$$U_O\left(\vartheta_K\right) = U_O + \omega_K U_K\left(\vartheta_K\right) \tag{9.3}$$

mit der Pixelspannung U_K bei geschlossenem Shutter. Mit Kenntnis von U_K kann nun die Umgebungstemperaturkorrektur durchgeführt werden:

$$U_O = U_O(\vartheta_K) - U_{Sh}\left(\vartheta_K\right) \tag{9.4}$$

mit der Shutterspannung

$$U_{Sh}\left(\vartheta_K\right) = \omega_K U_K\left(\vartheta_K\right). \tag{9.5}$$

Die Spannung U_O in Gl. (9.4) ist nun unabhängig von der Umgebungs- bzw. Kameratemperatur und wird zur Berechnung der Objektstrahldichte L_O benutzt.

Der reduzierte Raumwinkel ω_K ist theoretisch bekannt. Bei einer Blendenzahl k von Eins beträgt er:

$$\omega_K = \frac{4}{5}\pi = 0{,}8\pi \,. \tag{9.6}$$

Dieser Wert gilt allerdings nur für das mittlere Pixel des Mikrobolometerarrays (Bild 3.2.3). Nach der Kennlinienkorrektur, die unter anderem die unterschiedlichen reduzierten Raumwinkel der Pixel ausgleicht, wirkt ein mittlerer reduzierter Raumwinkel ω_{Km}, der etwas größer als ω_K ist (Tabelle 9.1).

Tabelle 9.1: Mittlerer reduzierter Raumwinkel ω_{Km} des Kamerainnenraums.

Format	Pixelzahl	Pixelraster µm	Dimension mm²	ω_{Km} sr
QVGA	384 x 288	25 17	9,600 x 7,200 6,528 x 4,836	2,5445 ≈ 0,8099 π 2,5280 ≈ 0,8047 π
VGA	640 x 480	17	10,880 x 8,160	2,5489 ≈ 0,8113 π
XGA	1024 x 768	17	17,408 x 13,056	2,5915 ≈ 0,8249 π

9.2. Bestimmung der Shutterkennlinie

Auf Grund der Toleranzen der eingesetzten Optiken sowie der Montagetoleranzen kommt es in der Praxis zu Abweichungen von den in Tabelle 9.1 berechneten reduzierten Raumwinkeln. Deshalb muss die Temperaturabhängigkeit der Shutterspannung von Gl. (9.5) für jede Kamera messtechnisch bestimmt werden.

Setzt man das Shutter-auf-Signal U_{auf} von Gl. (9.3) ins Verhältnis zum Shutter-zu-Signal U_{zu} (Gl. (9.5) mit $\omega_K = \omega_{HR}$)

$$\frac{U_{auf}}{U_{zu}} = \frac{\omega_{Km} U_K\left(\vartheta_K\right) + U_O}{\omega_{HR} U_K\left(\vartheta_K\right)}, \tag{9.7}$$

erhält man die sogenannte Shutterkennlinie

$$U_{auf} = a_{zu} U_{zu} + U_O \tag{9.8}$$

mit

$$a_{zu} = \frac{\omega_{Km}}{\omega_{HR}} \,. \tag{9.9}$$

Da der reduzierte Raumwinkel des Halbraums bekannt ist ($\omega_{HR} = \pi$), lässt sich aus Gl. (9.8) der reduzierte Raumwinkel ω_{Km} des Kamerainnenraumes ablesen:

$$\omega_K = a_{zu}\pi \tag{9.10}$$

mit dem Anstieg der Shutterkennlinie a_{zu}.

Zur Bestimmung der Shutterkennlinie wird bei zwei unterschiedlichen Umgebungstemperaturen das Shutter-auf- und das Shutter-zu-Signal gemessen. Die Objekttemperatur bleibt dabei konstant. Aus den Messpunkten (U_{zu1}, U_{auf1}) und (U_{zu3}, U_{auf3}) berechnet man dann die Geradengleichung (9.8) (Anhang A1):

$$a_{zu} = \frac{U_{auf1} - U_{auf3}}{U_{zu1} - U_{zu3}} \qquad (9.11)$$

und

$$U_0 = \frac{U_{zu1} U_{auf3} - U_{zu3} U_{auf1}}{U_{zu1} - U_{zu3}}. \qquad (9.12)$$

Zur Kontrolle wurde im Bild 9.1 ein dritter Messpunkt bei ϑ_K = 24,8 °C eingetragen (Tabelle 9.2). Die Bilder 5.6 und 11.1.4 zeigen weitere Beispiele der Shutterkennlinie mit vier Messpunkten.

Die Shutterkennlinie veranschaulicht sehr gut den linearen Zusammenhang zwischen einfallendem Strahlungsfluss Φ und Signalspannung U_{auf} der Mikrobolometerpixel.

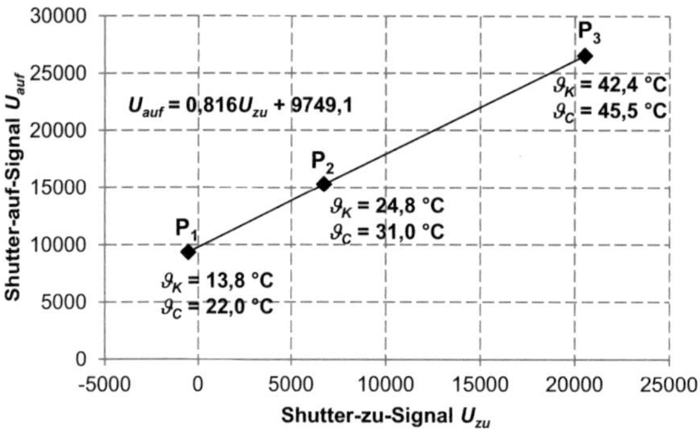

Messpunkt	U_{zu}	U_{auf}
P_1	-512	9332
P_2	6767	15290
P_3	20535	26510

b)

a)

Bild 9.1: a) Shutterkennlinie des Mikrobolometers X58455005; Objekttemperatur 79,0 °C und b) gemessene Grauwerte der drei Messpunkte P_1 bis P_3. Parameter: Kameratemperatur ϑ_K und Sensortemperatur ϑ_C am jeweiligen Messpunkt; Bildfrequenz f_B = 25 Hz.

Zur Ermittlung der Messabweichung kann auf die Gleichungen (A.29) bis (A.32) im Anhang A1.1 zurückgegriffen werden. Bei zwei Messpunkten gilt für die Varianz des Achsenabschnitts:

$$\sigma_{U0}^2 = U_{DR}^2 \frac{U_{zu1}^2 + U_{zu3}^2}{\left(U_{zu1} - U_{zu3}\right)^2}, \qquad (9.13)$$

für die Varianz des Anstieges:

$$\sigma_{azu}^2 = 2\frac{U_{DR}^2}{\left(U_{zu1} - U_{zu3}\right)^2} \tag{9.14}$$

und für die Kovarianz:

$$Co_{aU} = -\frac{U_{zu1} + U_{zu3}}{\left(U_{zu1} - U_{zu3}\right)^2} U_{DR}^2 . \tag{9.15}$$

Für U_{DR} gilt Gl. (7.44) (U_{DR} = 13,9).

Für die Varianz σ_{auf}^2 eines mit der Ausgleichsgeraden berechneten Wertes U_{auf} gilt:

$$\sigma_{auf}^2 = \sigma_{azu}^2 U_{zu}^2 + \sigma_{U0}^2 + 2Co_{aU} U_{zu} . \tag{9.16}$$

Berechnet man anschließend mit Hilfe der Ausgleichsgeraden den Kontrollpunkt (U_{zu3}, U_{auf3}) auf der Shutterkennlinie im Bild 9.1

$$U_{auf3} = a_{zu} U_{zu3} + U_0 = 15272,4 \tag{9.17}$$

und dessen Varianz

$$\sigma_{auf3}^2 = \sigma_{azu}^2 U_{zu3}^2 + \sigma_{U0}^2 + 2Co_{aU} U_{zu3} = 164,9 , \tag{9.18}$$

erhält man

$$U_{auf3} = 15272,4 \pm 12,8 .$$

Der gemessene Wert U_{auf3} aus Tabelle 9.2 liegt innerhalb der 2σ-Toleranz. Verwendet man alle drei Messpunkte zur Regression, bleibt der Anstieg der Ausgleichgeraden unverändert. Der Achsenabschnitt U_0 wird etwas größer (U_0 = 9756,4) und alle drei Werte liegen innerhalb der 1σ-Toleranz.

Für den reduzierten Raumwinkel ω_{Km} des Kamerainnenraumes gilt nach Gl. (9.10):

$$\omega_{Km} = 0,8162 * \pi \pm 0,0029 = 2,564 \pm 0,0029 . \tag{9.19}$$

Zur Online-Korrektur der Umgebungstemperaturabhängigkeit wird im laufenden Betrieb der IR-Kamera der Shutter geschlossen und dann ein Shutterbild aufgenommen, aus dem die Differenzspannung ΔU_{Sh} berechnet wird:

$$\Delta U_{Sh} = \left(U_{Sh} - U_0\right) a_{zu} \tag{9.20}$$

mit dem Mittelwert U_{Sh} des Shutterbildes. Die Differenzspannung ΔU_{Sh} spiegelt die Änderung der Kamerainnentemperatur wieder und wird nach der Online-Zweipunkt-Korrektur zu jedem Pixel addiert. Diese Differenzspannung muss bei jeder Änderung der Kamerainnentemperatur infolge einer Änderung der Umgebungstemperatur neu berechnet werden.

Für die Varianz der Differenzspannung gilt nach den Regeln der Messunsicherheitsfortpfanzung:

$$\sigma_{\Delta U}^2 = a_{zu}^2 \sigma_{U0}^2 + \left(U_{Sh} - U_0\right)^2 \sigma_{azu}^2 + 2Co_\Delta \left(U_{Sh} - U_0\right) \tag{9.21}$$

mit der Kovarianz Co_Δ zwischen U_0 und a_{zu}. Da die Shutterspannung U_{Sh} als Mittelwert des gesamten Bildes berechnet wird, wurde diese als varianzfrei angenommen. Die Kovarianz kann mit Hilfe der Beziehung

$$\mathrm{Co}\left(aX + b, Y\right) = a\mathrm{Co}\left(X, Y\right) \tag{9.22}$$

aus Gl. 9.15 berechnet werden:

$$Co_\Delta = a_{zu} Co_{aU} . \tag{9.23}$$

Bild 9.2 zeigt die berechneten Werte für das Beispiel.

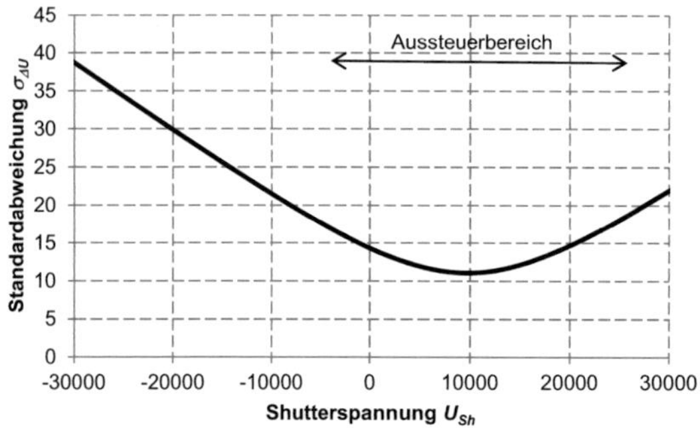

Bild 9.2: Standardabweichung der Differenzspannung ΔU_{Sh} nach Gl. (9.21).

Zur Berechnung der Geradengleichung (9.8) wurde eine Regression bezüglich U_{auf} durchgeführt (Gln. (9.11) und (9.12)). Sowohl die Shutter-zu-Spannung U_{zu} als auch die Shutter-auf-Spannung U_{auf} werden jedoch in zwei unabhängigen Messungen bestimmt. Beide sind rauschbehaftet. Anhang A1.2 behandelt die Messabweichung bei einer Regression mit zwei unsicheren Variablen. Eine bivariate Regression bei den vorhandenen großen Signal-Rausch-Abständen ist demnach nicht erforderlich.

10. Radiometrischer Abgleich

Die bisherigen Korrekturen in den Abschnitten 7 bis 9 führen dazu, dass sich alle Pixel des IR-Bildes gleich verhalten und das IR-Bild umgebungstemperaturunabhängig ist. Der radiometrische Abgleich berechnet abschließend aus den Grauwerten der Pixel die Temperatur des Messobjekts. Es wird also jedem Grauwert ein Temperaturwert zugeordnet.

Abschnitt 10.1 stellt zwei mögliche Verfahren zum radiometrischen Abgleich vor und bewertet diese. Anschließend wird im Abschnitt 10.2 die Kennlinienbestimmung an Hand eines Beispiels demonstriert.

10.1. Spannungs-Temperatur-Kennlinie

Den Zusammenhang zwischen Pixelspannung (Grauwert) und Objekttemperatur beschreibt die Pixelspannungs-Objekttemperatur-Kennlinie. Für eine Spannungsänderung ΔU_D eines Pixels gilt (Gl. (3.1.14)):

$$\Delta U_D\left(\vartheta_O\right) = R_V \omega_1 \Delta L_O A_P \tag{10.1}$$

mit der Spannungsempfindlichkeit R_V, dem reduzierten Raumwinkel ω_I, der Änderung der Stahldichte ΔL_O im Objekt und der Pixelfläche A_p. Die Änderung der Strahldichte bezüglich des Arbeitspunktes ϑ_{K0} beträgt

$$\Delta L_O = L\left(\vartheta_O\right) - L\left(\vartheta_{K0} = 30°\mathrm{C}\right) \tag{10.2}$$

und ergibt sich durch Integration von Gl. (3.1.3) über den Wellenlängenbereich der IR-Kamera von λ_1 = 8 µm bis λ_2 = 14 µm. Außerdem müssen bei der Berechnung der Strahldichteänderung sowohl die Absorption des Mikrobolometers als auch die Transmission des Sensorfensters berücksichtigt werden. In diesem Beispiel wird die Absorptionsgradkurve nach /10.1, Bild 2.5/ angewandt. Für eine theoretische Kennlinie wird jetzt eine Systemempfindlichkeit R_S definiert:

$$R_S = R_V \omega_1 A_P\,. \tag{10.3}$$

Die Systemempfindlichkeit wird so gewählt, dass der Signalspannungshub ΔU_O bei einer Objekttemperaturänderung von ϑ_O = -20 °C bis 150 °C etwa den halben Aussteuerbereich (ca. 32000 Grauwerte) umfasst:

$$R_S = 55\mathrm{E}6\,\frac{\mathrm{sr\ mm}^2}{\mathrm{W}}\,. \tag{10.4}$$

Dies entspricht dann näherungsweise dem Verhalten einer realen IR-Kamera (Bild 10.1a).

Zur Ermittlung der Spannungs-Temperatur-Kennlinie werden im Abgleichprozess mehrere Messpunkte aufgenommen. Danach erfolgt die Kennlinienbestimmung mittels Regression.

Um eine kurze Messzeit zu erreichen, sollte dabei die Anzahl der Messpunkte möglichst gering sein.

Zur Ermittlung der Spannungs-Temperatur-Kennlinie aus Messwerten werden zwei Regressionsverfahren vorgestellt. Das sind zum einen eine Polynomregression und zum anderen eine Regression mit Hilfe des PLANCKschen Strahlungsgesetzes.

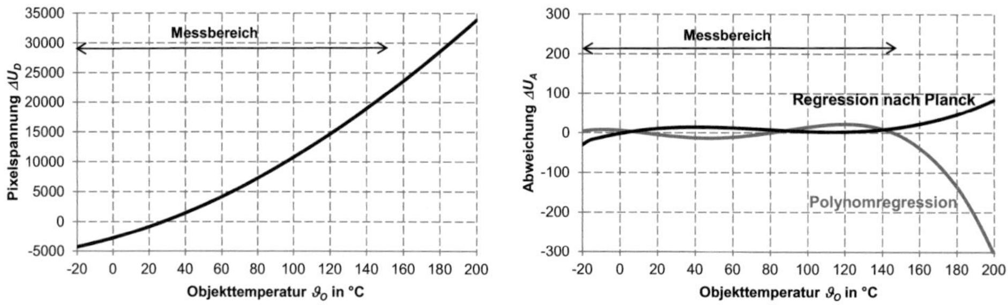

a) b)

Bild 10.1: Pixelspannungs-Objekttemperatur-Kennlinie. a) theoretische Kennlinie und b) Abweichungen ΔU_A zwischen theoretischer Kennlinie und den Regressionskurven.

a) Polynomregression

Die Approximation der Spannungs-Temperatur-Kennlinie nach Bild 10.1a erfolgt dabei mit einem Polynom 2. Grades:

$$\Delta U_D = t_2 \vartheta_O^2 + t_1 \vartheta_O + t_0 \tag{10.5}$$

mit den Polynomkoeffizienten t_2, t_1 und t_0. Zur Berechnung der Objekttemperatur ϑ_O aus der Pixelspannung ΔU_D nutzt man die Umkehrfunktion zu Gl. (10.5):

$$\vartheta_O = -\frac{t_1}{2t_2} + \sqrt{\left(\frac{t_1}{2t_2}\right)^2 - \frac{t_0 - \Delta U_D}{t_2}}\ . \tag{10.6}$$

Die zweite Lösung der quadratischen Gleichung ergibt keinen physikalisch sinnvollen Wert. Um die Qualität der Regression zu überprüfen, wurde mit fünf ausgewählten Punkten der berechneten Kennlinie eine quadratische Regression durchgeführt (Tabelle 10.1). Die Messpunkte wurden so gewählt, wie sie bei der Kalibrierung einer IR-Kamera auf dem Messplatz eingestellt werden. Die berechneten Koeffizienten sind:

$$t_2 = 0{,}4962\,\mathrm{K}^{-2}, \tag{10.7}$$

$$t_1 = 85{,}62\,\mathrm{K}^{-1} \quad \text{und} \tag{10.8}$$

$$t_0 = -2778\,. \tag{10.9}$$

Tabelle 10.1 enthält außerdem die absoluten Abweichungen ΔU_A der Regressionskurve am jeweiligen Messpunkt. Die maximale absolute Abweichung im Messbereich von ϑ_{Omin} = -20 °C bis ϑ_{Omax} = 150 °C beträgt bei ϑ_O = 120 °C

$$\Delta U_{A,\max} = 22{,}14\,. \tag{10.10}$$

In Bild 10.1b ist die absolute Abweichung ΔU_A über der Objekttemperatur ϑ_O dargestellt. Gut zu erkennen ist die stark wachsende Abweichung bei Extrapolation der Werte über den Messbereich hinaus. Für die Standardabweichung σ_Q der Regression mit dem quadratischen Polynom im Messbereich gilt:

$$\sigma_Q = 11{,}44\,. \tag{10.11}$$

Tabelle 10.1: Aus Bild 10.1.a entnommene theoretische Messwerte $\Delta U_D(\vartheta_O)$ zur Berechnung der Regressionen und die absoluten Abweichungen ΔU_A der Regressionskurven.

Messwerte		Absolute Abweichung ΔU_A	
ϑ_O in °C	ΔU_D	Polynomregression	PLANCK-Regression
0	-2771	6,25	-1,53
32	460	-7,51	13,80
72	5954	-5,26	9,54
100	10761	14,40	3,10
148	20758	-4,02	12,10

b) Regression nach PLANCK

Nach /10.2/ besteht die Möglichkeit, das Sensorausgangssignal mit der PLANCKkurve zu approximieren:

$$\Delta U_D = \frac{R}{e^{\frac{B}{T_O}} - F} + O\,, \tag{10.12}$$

wobei B, F, O und R die zu bestimmenden Regressionskoeffizienten sind. Zur Berechnung der Objekttemperatur T_O gilt dann die Umkehrfunktion zu Gl. (10.12):

$$T_O = \frac{B}{\ln\left(\dfrac{R}{\Delta U_D - O} + F\right)}\,. \tag{10.13}$$

Die Koeffizienten gestatten eine physikalische Interpretation. Der Wert O ist ein allgemeiner Offset. Mit ihm kann die Kennlinie in y-Richtung parallel verschoben werden. Der Koeffizient R repräsentiert die Systemantwort der IR-Kamera und ist das Pendant zur Systemempfindlichkeit R_S. Für den Koeffizient B gilt entsprechend dem PLANCKschen Strahlungsgesetz:

$$B = \frac{c_2}{\lambda_B}. \tag{10.14}$$

Er beschreibt also das spektrale Verhalten des Systems. Die Wellenlänge λ_B ist die effektive Wellenlänge der IR-Kamera. Der Koeffizient F gestattet einen Abgleich der Nichtlinearität des Systems. Bei einem linearen Zusammenhang zwischen Bestrahlungsstärke E_P und Pixelspannung U_D ist

$$F_{linear} = 1,00. \tag{10.15}$$

Die Bestimmung der Koeffizienten kann mit Hilfe des Solvers (Microsoft Excel) erfolgen (nichtlineare Ausgleichsrechnung). Dabei werden auch die Abweichungen errechnet. Für die Regressionskurve mit den Messpunkten aus Tabelle 10.1 ergeben sich folgende Koeffizienten:

$$B = 1402\,\mathrm{K}, \tag{10.16}$$

$$F = 1,031, \tag{10.17}$$

$$O = -7230 \text{ und} \tag{10.18}$$

$$R = 752'837. \tag{10.19}$$

Mit dem berechneten Wert B und Gl. (10.14) ergibt sich für die effektive Wellenlänge:

$$\lambda_B = \frac{c_2}{B} = 10,3\,\mu\mathrm{m}. \tag{10.20}$$

Die maximale absolute Abweichung der Regressionskurve im vorgegebenen Messbereich von ϑ_{Omin} = -20 °C bis ϑ_{Omax} = 150 °C beträgt bei ϑ_O = -20°C (Bild 10.1b):

$$\Delta U_{A,\max} = -30,4 \tag{10.21}$$

Für die Standardabweichung σ_P im Messbereich gilt:

$$\sigma_P = 9,10. \tag{10.22}$$

c) Vergleich der Regressionsverfahren

Tabelle 10.2 stellt die errechneten Abweichungen beider Regressionsverfahren noch einmal zusammen. Zur besseren Veranschaulichung dieser Abweichungen wurden die Grauwerte mit Hilfe der Beispieltemperaturempfindlichkeit aus Gl. (7.53) in Temperaturwerte umgerechnet. Die Abweichungen liegen in der Größenordnung der *NETD* eines Mikrobolometers.

Tabelle 10.2: Abweichungen der Regressionsverfahren.

Verfahren	Polynomregression		Regression nach PLANCK	
	Grauwerte	mK	Grauwerte	mK
Standard-abweichung σ	11,44	61,2	9,10	48,7
Maximale Abweichung $\Delta U_{A,max}$	22,14	118	-30,4	-163

Vergleicht man beide Regressionsverfahren, lässt sich feststellen, dass beide Verfahren zur Ermittlung der Spannungs-Temperatur-Kennlinie geeignet sind. Die Abweichungen haben innerhalb des definierten Messbereiches praktisch den gleichen Wert.

Für das Regressionsverfahren nach PLANCK sprechen dennoch folgende Punkte:

- Bei einer Extrapolation der Werte über die Messpunkte hinaus ist die Messabweichung im Vergleich zur Polynomregression deutlich geringer.
- Bei großen Messbereichen, z.B. von 0 °C bis 500 °C, gilt dies gleichermaßen. In diesem Fall müsste sonst alternativ auch mit einem Polynom höherer Ordnung (mindestens 3. Grades) gearbeitet werden. Eine Überprüfung, ob Pol- oder Nullstellen des Polynoms im Arbeitsbereich liegen, ist dann erforderlich /10.2/.
- Bei nichtlinearen Kennlinien, z.B. bei S-förmigen Kennlinien von Photonensensoren, ist das Regressionsverfahren nach PLANCK sehr vorteilhaft /10.3/.

Nachteilig ist die komplizierte Berechnung der Regressionskoeffizienten mit dem Solver. Vor allem die Wahl der Startbedingungen ist sehr kritisch. Gegebenenfalls macht sich eine mehrstufige Optimierung erforderlich. Dabei werden die Koeffizienten B und F immer wieder in sinnvolle Bereiche gesetzt, z.B. $B = 1400$ K und $F = 1$.

10.2. Kennlinienbestimmung

Das Beispiel aus den vorherigen Abschnitten 6 bis 9 mit dem TEC-losen XGA-Mikrobolometer wird fortgesetzt. Dabei wird die Regression nach PLANCK angewandt. Die Messungen erfolgen mit Hilfe des Temperaturschrankmessplatzes (Abschnitt 4.2.3) bei konstanter Umgebungstemperatur der IR-Kamera.

Zur Berechnung der Regressionskoeffizienten werden fünf Messpunkte benötigt. Diese sollten über den gesamten Messbereich von ϑ_{Omin} = -20 °C bis ϑ_{Omax} = 150 °C möglichst gleichmäßig verteilt sein. Der Betrieb eines schwarzen Strahlers unterhalb der Taupunkttemperatur der Luft ist sehr schwierig, da sich ein Wasserfilm auf der Strahlerfläche bilden kann. Deshalb wird im Labor der niedrigste Messpunkt bei einer Objekttemperatur von ca. 0 °C aufgenommen. In Tabelle 10.3 sind die Messwerte und die absoluten Abweichungen von der Regressionsgeraden für die ausgewählten Objekttemperaturen zusammengefasst. Die berechneten Koeffizienten sind:

$$B = 1499{,}8\,\mathrm{K}\,, \tag{10.23}$$

$$F = 0{,}9778\,, \tag{10.24}$$

$$O = -13976 \text{ und} \tag{10.25}$$

$$R = 1'400'621\,. \tag{10.26}$$

Die Annahmen für die Koeffizienten $B \approx 1400\,\mathrm{K}$ und $F \approx 1$ bestätigen sich. Die gemessene effektive Wellenlänge λ_B der IR-Kamera beträgt 9,6 µm.

Tabelle 10.3: Messpunkte und absolute Abweichung von der Regressionskurve.

Objekt-temperatur ϑ_O in °C	Pixel-spannung U_D	Absolute Abweichung ΔU_A
0,1	-8190	-27,1
30,7	-3830	12,4
75,5	5350	-97,8
99,0	11260	-99,6
147,0	26610	16,7

Aus der Spannungs-Temperatur-Kennlinie von Gl. (10.12) lässt sich auch die Temperaturempfindlichkeit berechnen. Sie ist die Ableitung der Kennlinie nach der Temperatur (Abschnitt 3.1.4):

$$R_T = \frac{R}{e^{\frac{B}{T_O}} - F} \frac{B}{T_O^2} \frac{1}{1 - e^{-\frac{B}{T_O}}}\,. \tag{10.27}$$

Die gemessene Temperaturempfindlichkeit (Bild 10.2) von

$$R_T\left(30\,°\mathrm{C}\right) = 164\,\mathrm{K}^{-1} \tag{10.28}$$

ist etwas geringer als die in Gl. (7.53) angegebene. Der Wert in Gl. (7.53) entspricht der Datenblattangabe des Mikrobolometerarrays und berücksichtigt nicht den Einfluss der Optik.

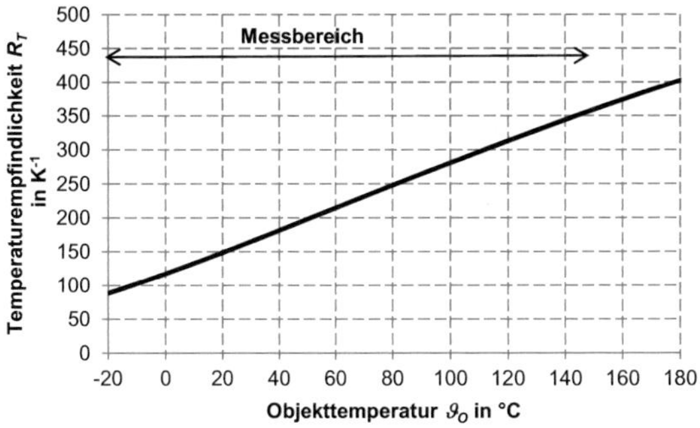

Bild 10.2: Berechnete Temperaturempfindlichkeit R_T des Mikrobolometers X58455005. Bildfrequenz f_B = 25 Hz.

Abschließend wurde die Abweichung ΔT_O des Messwertes der IR-Kamera von der wahren Objekttemperatur ϑ_O gemessen (Bild 10.3). Die Standardabweichung im Messbereich beträgt

$$\sigma_{TO} = 0,43\,\mathrm{K}\,. \tag{10.29}$$

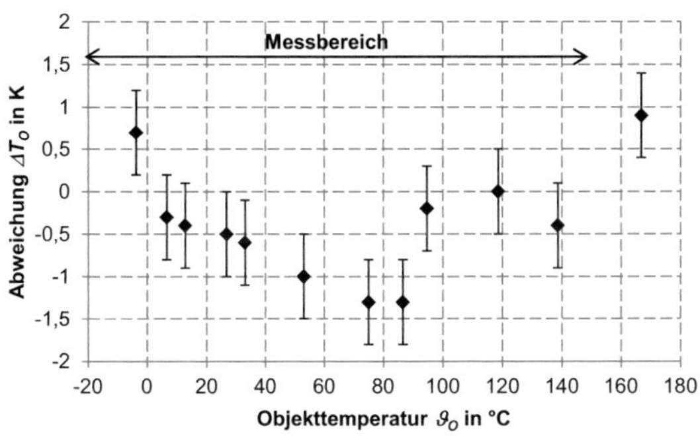

Bild 10.3: Absolute Messabweichung ΔT_O bei konstanter Umgebungstemperatur des TEC-losen Mikrobolometers X58455005. Bildfrequenz f_B = 25 Hz; Toleranzindikatoren zeigen die Standardabweichung des verwendeten Pyrometers.

11. Zusammenfassung

Abschließend wird im Abschnitt 11.1 der Kalibrierprozess an Hand eines Beispiels zusammengefasst. Die dabei entstehenden Messabweichungen werden anschließend im Abschnitt 11.2 vorgestellt. Verbleibende Probleme und erforderliche sowie weiterführende Aufgaben werden im Abschnitt 11.3 erläutert.

11.1. Kalibrierprozess

In den Abschnitten 6 bis 10 wurde ein Kalibrierprozess für ungekühlte IR-Kameras auf Mikrobolometerbasis beschrieben. Im Folgenden werden die einzelnen Schritte nochmals anhand eines Beispiels kurz zusammengefasst. Als Beispielmikrobolometer fungiert dabei das TEC-lose Array U89079-26 im VGA-Format (640 x 480 Pixel).

a) Arbeitspunkteinstellung

Der Arbeitspunkt der Pixel wird so eingestellt, dass der Pixeloffset etwa einem Drittel des Aussteuerbereiches entspricht (Bild 11.1.1). Das garantiert einen Temperaturmessbereich von ϑ_O = -20 °C bis ϑ_O = 150 °C.

a)
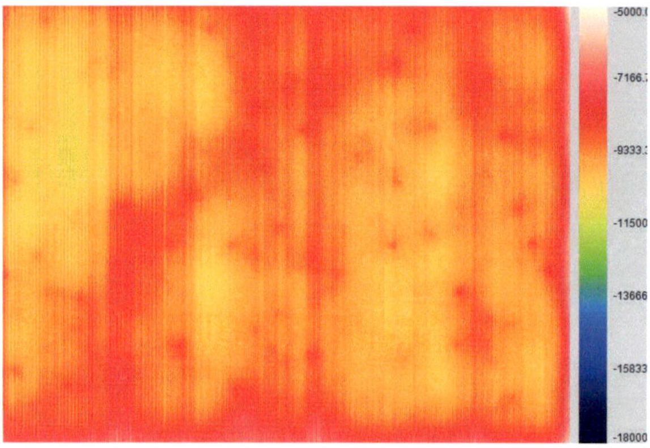

b)
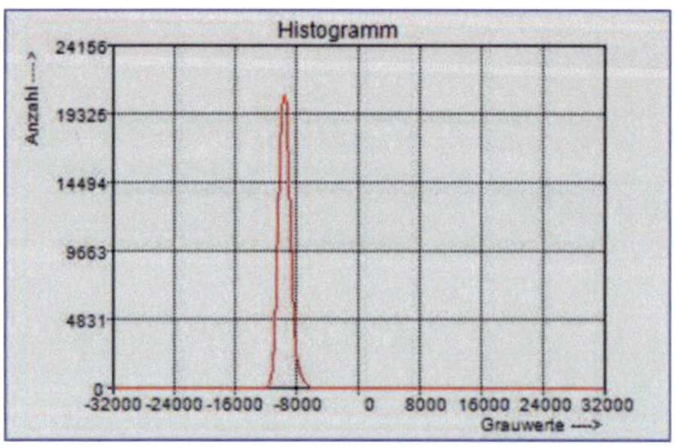

Bild 11.1.1: Rohbild des Mikrobolometerarrays U89079-26. a) IR-Bild mit Farbkeil in Grauwerten und b) Histogramm des Rohbildes; Bildfrequenz f_B = 50 Hz.

b) Korrektur der Ungleichförmigkeit

Alle Pixel besitzen unterschiedliche Arbeitspunkte (Offsets) und Empfindlichkeiten. Mit Hilfe einer Zweipunktkorrektur wird das IR-Bild „glattgezogen“. Bild 11.1.2 zeigt Histogramme der ermittelten Koeffizienten. Für TEC-lose Mikrobolometerarrays erfolgt anschließend noch die Korrektur der Temperaturabhängigkeit des Offsets und der Empfindlichkeit (Bild 11.1.3).

a) 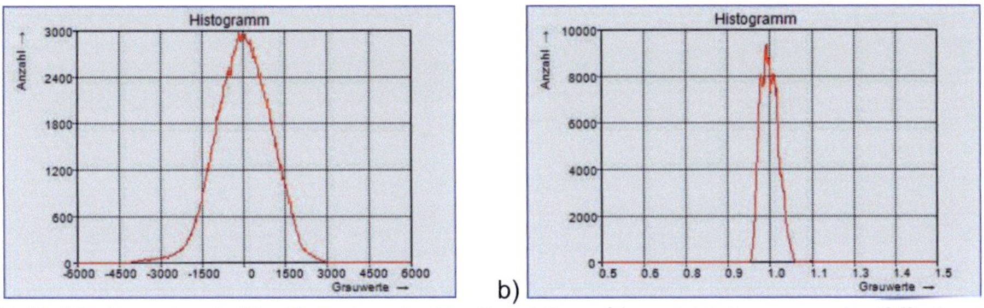

b)

Bild 11.1.2: Berechnete Koeffizienten der Zweipunktkorrektur. a) Histogramm der Offsetwerte und b) Histogramm der Gainwerte; Mikrobolometerarray U89079-26; Bildfrequenz f_B = 50 Hz.

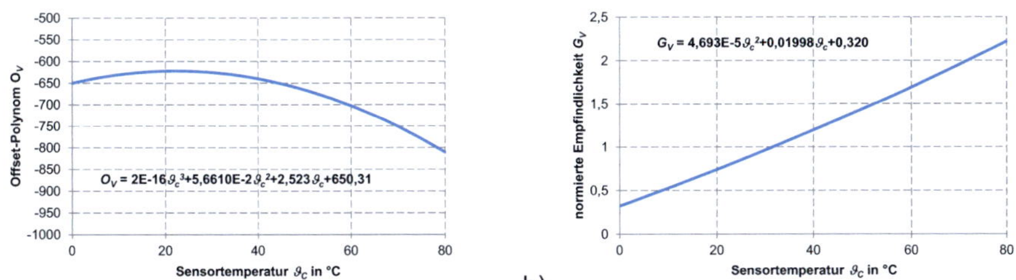

a) b)

Bild 11.1.3: Temperaturabhängigkeit a) der Offsetwerte und b) der Empfindlichkeit des TEC-losen Mikrobolometerarrays U89079-26. Bildfrequenz f_B = 50 Hz.

c) Korrektur defekter Pixel

Einige Pixel reagieren nicht auf einfallende IR-Strahlung oder weisen eine stark abweichende Spannungs-Objekttemperatur-Kennlinie auf. Diese Pixel werden schrittweise ermittelt und durch Nachbarpixel ersetzt. In Tabelle 11.1.1 zeigt einen Überblick über die erkannten defekten Pixel. Die Funktionalität der Pixel beträgt demnach 99,9 %.

Tabelle 11.1.1: Defekte Pixel des Mikrobolometerarrays U89079-26.

Schritt	Anzahl	davon in Zone A
Arbeitspunkt	24 davon 1 Cluster mit 5 Pixeln	1
Offset-Werte	39	2
Gain-Werte	259	3
Sonstige	19	0
Gesamt	341	6

d) Umgebungstemperaturkorrektur

Variiert die Umgebungstemperatur der IR-Kamera, ändert sich auch die Kamerainnentemperatur. Mit Hilfe der Shutterkennlinie wird der Einfluss der Kamerainnentemperatur auf das Pixelsignal bestimmt und korrigiert (Bild 11.1.4).

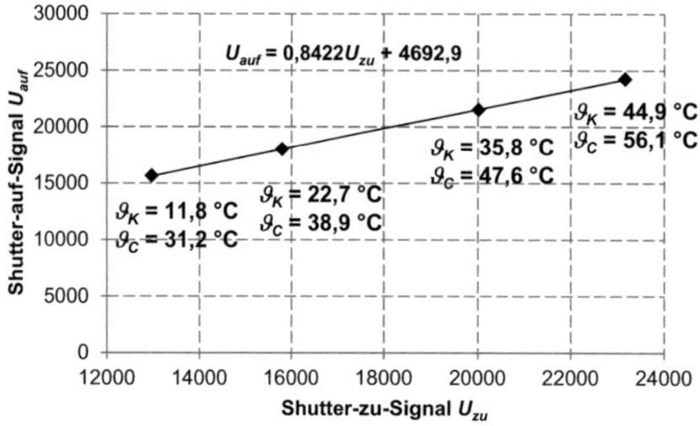

Bild 11.1.4: Shutterkennlinie des Mikrobolometerarrays U89079-26. Objekttemperatur ϑ_O = 80 °C; Parameter: Kamerainnentemperatur ϑ_K und Sensortemperatur ϑ_C des jeweiligen Messpunktes; Bildfrequenz f_B = 50 Hz.

e) Radiometrischer Abgleich

Den Abschluss des Kalibrierprozesses bildet die Ermittlung der Pixelspannungs-Objekttemperatur-Kennlinie (Bild 11.1.5). Dabei wird jeder Pixelspannung U_D eine Objekttemperatur ϑ_O zugeordnet. Im IR-Bild kann daraus die Temperatur der abgebildeten Objekte bestimmt werden.

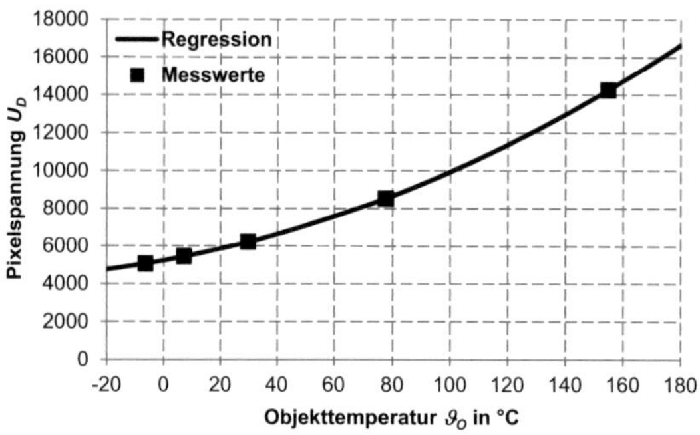

Bild 11.1.5: Pixelspannungs-Objekttemperatur-Kennlinie des Mikrobolometerarrays U89079-26. Regression nach Gl. (10.12) mit B = 1501,4 K; F = 1,946; R = 326507 und O = 3881; Bildfrequenz f_B = 50 Hz.

11.2. Gesamtmessabweichung

Bedingt durch das Rauschen der Pixel und die Abweichungen der Messeinrichtungen kommt es zu Differenzen zwischen den einzelnen Pixeln (zeitliche und räumliche Messabweichung) und zwischen der angezeigten Temperatur und der Objekttemperatur (absolute Messabweichung).

a) Zeitliche und räumliche Messabweichung

Zunächst wird die Korrigierbarkeit C berechnet. Dazu muss das zeitliche und räumliche Rauschen gemessen werden (Bild 11.2.1). Aus Gl. (7.36) folgt dann:

$$C = \sqrt{\frac{\sigma_{UD}}{U_{DR}}} = 0,82\,. \qquad (11.2.1)$$

Im IR-Bild dominiert also das zeitliche Rauschen.

a) 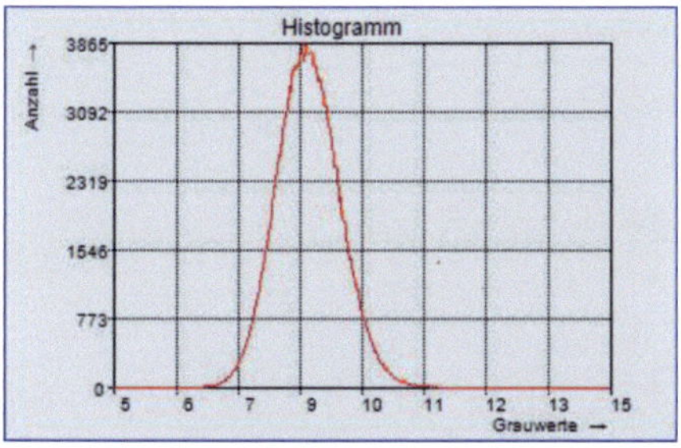

b) 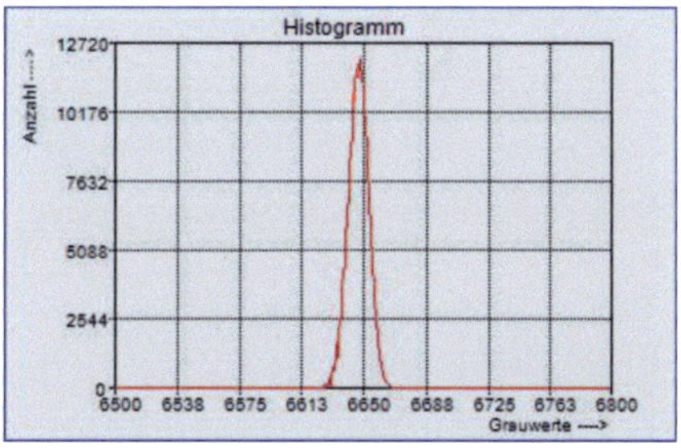

Bild 11.2.1: Histogramme zum Rauschverhalten des Mikrobolometerarrays U89079-26. a) zeitliche Rauschwerte mit dem Mittelwert U_{DR} = 9,1 und der Standardabweichung σ_{UDR} = 0,62; b) räumliche Rauschwerte des IR-Bildes bei geschlossenem Shutter mit dem Mittelwert U_D = 6647 und der Standardabweichung σ_{UD} = 6,1. Bildfrequenz f_B = 50 Hz.

Einer der wichtigsten Parameter einer IR-Kamera ist die *NETD*. Für ihre Berechnung wird u.a. die Temperaturempfindlichkeit R_T benötigt. Diese ergibt sich aus dem Anstieg der Pixelspannungs-Objekttemperatur-Kennlinie (Gl. (10.26); Bild 11.1.5):

$$R_T = 102\ \mathrm{K}^{-1}\,. \qquad (11.2.2\ )$$

Damit gilt für die *NETD*:

$$NETD = \frac{U_{DR}}{R_T} = 89\ \mathrm{mK}\,. \qquad (11.2.3)$$

Für die *IETD* gilt entsprechend Gl. (3.1.26):

$$IETD = \frac{\sigma_{UD}}{R_T} = 60\ \mathrm{mK}\,. \qquad (11.2.4)$$

Für die Gesamt-*NETD* ergibt sich nach Gl. 3.1.27:

$$NETD_{gesamt} = \sqrt{NETD^2 + IETD^2} = 107\ \text{mK}. \tag{11.2.5}$$

b) Absolute Messabweichung

Die Bestimmung der absolute Messabweichung ΔT erfolgt nach der radiometrischen Kalibrierung bei konstanter Umgebungstemperatur. Die Objekttemperatur ϑ_O wird dabei gleichzeitig mit der IR-Kamera und einem Präzisionspyrometer (Tabelle 4.3.1) gemessen. Bild 11.2.2 zeigt die auf diese Weise ermittelten Werte ΔT für unterschiedlichen Objekttemperaturen ϑ_O. Für die absolute Messabweichung ergibt sich demnach ein Toleranzschlauch von

$$\Delta T = \pm 1\ \text{K} \tag{11.2.6}$$

und eine Standardabweichung von

$$\sigma_{TO} = 0,48\ \text{K}. \tag{11.2.7}$$

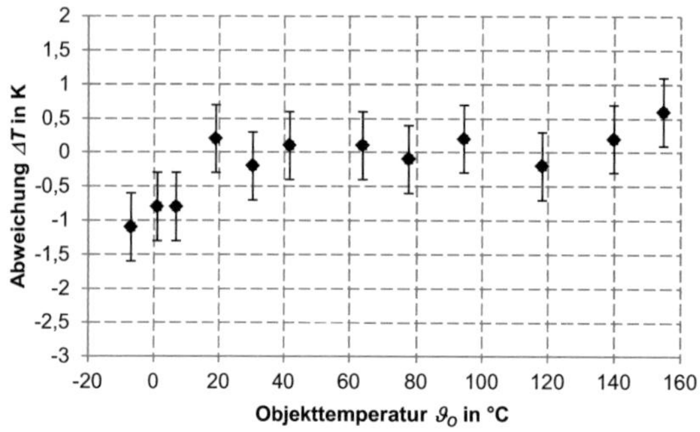

Bild 11.2.2: Absolute Messabweichung ΔT des TEC-losen Mikrobolometers U89079-26 bei konstanter Umgebungstemperatur. Toleranzindikatoren zeigen die Standardabweichung des verwendeten Pyrometers. Bildfrequenz f_B = 50 Hz.

11.3. Ausblick

In der vorliegenden Arbeit wurde die Kalibrierung Mikrobolometer-basierter IR-Kameras bei konstanter Umgebungstemperatur vorgestellt. Die ermittelten Messabweichungen der vorgestellten Systeme zeigen, dass auch IR-Kameras mit TEC-losem Mikrobolometer zur Thermografie geeignet sind. Eine Verringerung der Messabweichungen lässt sich durch einen deutlich höheren Kalibrieraufwand (größere Auswahl von Messpunkten, längere Einschwingzeiten) erreichen. Allerdings ist damit auch ein Anstieg der Gerätekosten verbunden. Deshalb fertigen die Hersteller ganz unterschiedliche IR-Kameras, die den jeweiligen Messanforderungen entsprechen.

Alle vorgestellten Ergebnisse beziehen sich auf eine konstante Umgebungstemperatur, d.h. auf einen statischen Zustand (thermisches Gleichgewicht) der Kamera. Im realen Einsatzfall ist dies aber meist nicht gegeben. Bild 11.3.1 zeigt die gemessene Objekttemperatur eines schwarzen Strahlers (ϑ_O = 78,8 °C) bei Sprüngen der Umgebungstemperatur ϑ_U von 25 °C auf 45 °C und nach etwa einer Stunde zurück auf 25 °C. Gemessen wurde immer nach Abschluss des Shuttervorganges. Die Sensor- und die Kamerainnentemperatur ϑ_C und ϑ_K zeigen dabei deutliches Einschwingverhalten. Die maximale absolute Messabweichung von der Objekttemperatur ΔT_O beträgt 5,1 K.

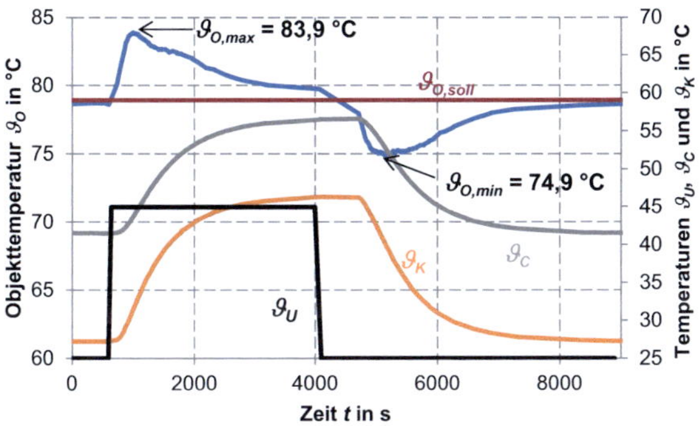

Bild 11.3.1: Gemessene Objekttemperatur bei einem Umgebungstemperatursprung von 20 K. Messung jeweils nach Shuttervorgang; Objektsolltemperatur $\vartheta_{O,soll}$ = 78,8 ± 0,1 °C; TEC-loses Mikrobolometer U89079-26; Bildfrequenz f_B = 50 Hz.

Gegenwärtig führt eine Messung der Objekttemperatur direkt nach dem Shuttervorgang zur geringsten Messabweichung, da das Messsignal zwischen zwei Shuttervorgängen merklich driftet. Dies zeigt der sägezahnartige Verlauf der Objekttemperaturkurve im Bild 11.3.2. Die Häufigkeit des Shutterns wird durch die Temperaturänderung $\Delta\vartheta_K$ in der Kamera bestimmt. Im dargestellten Fall wurde zu Demonstrationszwecken nach einer relativ großen Temperaturänderung von $\Delta\vartheta_K$ = 0,5 K geshuttert. Dies führt zu einer maximalen absoluten Messabweichung von ΔT_O = 5,4 K. Bild 11.3.3 zeigt einen Ausschnitt aus Bild 11.3.2 mit dem sägezahnförmigen Verlauf der Objekttemperaturkurve an der Stelle der minimal gemessenen Temperatur $\vartheta_{O,min}$. Zwischen zwei Shuttervorgängen liegt hier eine Zeitspanne von ca. 16 min. In der Praxis muss man also nicht nur nach Kamerainnentemperaturänderungen von < 0,5 K shuttern, sondern auch nach einer gewissen Zeitspanne, z.B. 5 min. Da der Shuttervorgang immer eine Unterbrechung des Messvorganges mit sich bringt, möchte der Anwender so wenig wie möglich shuttern oder auf das Shuttern sogar ganz verzichten. Für den shutterlosen Betrieb von IR-Kameras machen sich jedoch völlig neue Kalibrieralgorithmen erforderlich. Ein derartiger Ansatz wird in /11.1/ verfolgt.

Das Verhalten der IR-Kamera bei einer Umgebungstemperaturänderung ist nicht ergodisch. Eine zusätzliche Messung der Umgebungstemperatur ist in der Regel nicht möglich. In kommerziellen IR-Kameras wird dieses Problem durch Vorhersagemodelle, die eine erwartete Kamerainnentemperatur aus der vorhergehenden Temperaturänderung der Kamera schätzen, gelöst. Lösungen dazu sind bisher nicht veröffentlicht.

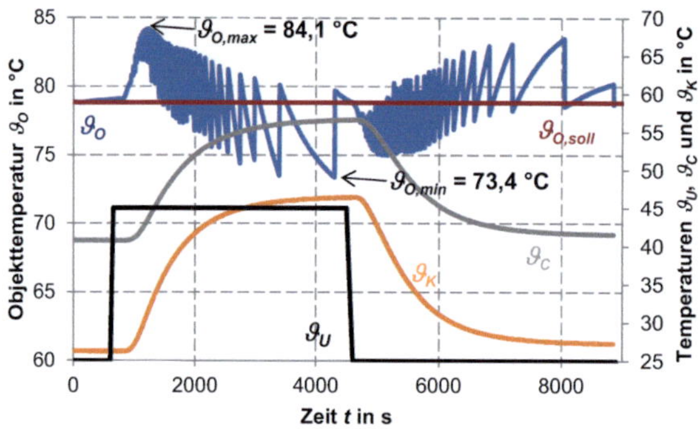

Bild 11.3.2: Gemessene Objekttemperatur bei einem Umgebungstemperatursprung von 20 K. Shuttervorgang nach $\Delta\vartheta_K$ = 0,5 K; Objektsolltemperatur $\vartheta_{O,soll}$ = 78,8 ± 0,1 °C; TEC-loses Mikrobolometer U89079-26; Bildfrequenz f_B = 50 Hz.

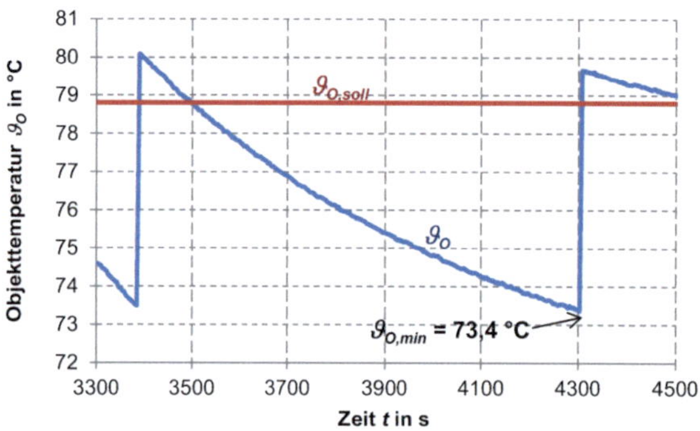

Bild 11.3.3: Signaldrift zwischen zwei Shuttervorgängen: Ausschnitt aus Bild 11.3.2.

Problematisch sind vor allem Temperaturwechsel. Der Verlauf der Kamerainnentemperatur aus einem nicht eingeschwungenen Zustand ist kaum vorhersehbar, wie Bild 11.3.1 zeigt. Im Moment der Umgebungstemperaturänderung von 45 °C auf 25 °C bei t = 4000 s sind die Kamerainnentemperatur und die Sensortemperatur noch nicht eingeschwungen. Anstatt, wie bei einem stationären Zustand, direkt in einem exponentiellen Abfall überzugehen, erfolgt hier ein fast linearer, flacher Abfall bis t = 4800 s. Dann erst geht die Kurve in die erwartete exponentielle Kurvenform über.

Bei sehr schnell wechselnden Umgebungstemperaturen zeigen alle IR-Kameras große Messabweichungen.

12. Literaturverzeichnis

/1.1/ Mounier, E.: Technical and market trends for microbolometer for thermography and night vision. Proc. of SPIE Vol. 8012; 2011; 80121U-1 – 6.

/1.2/ Black, S.H., Sessler, T., Gordon, E., Kraft, R., Kocain, T., Lamb, M., Williams, R., Yang, T.: Uncooled detector development at Raytheon. Proc. of SPIE Vol. 8012, 2011; 80121A-1 – 12.

/1.3/ Schulz, M., Caldwell, L.: Nonuniformity correction and correctability of infrared focal plane arrays. Infrared Physics & Technology 36; 1995; 763-777.

/1.4/ Horny, N.: FPA camera standardization. Infrared Physics & Technology 44; 2003; 109-119.

/1.5/ Kumar, A., Sarkar, S. and Agarwal, R.P.: Correcting infrared focal plane array sensor non uniformities based upon adaptive filter. IEEE ICAP 2006; 1537-1540.

/1.6/ Harris, J.G., Chiang, Y.M.: Nonuniformity correction of infrared image sequences using the constant-statistics constraint. IEEE Transaction of Image Processing Vol. 8, 1999; 1148-1151.

/1.7/ Kumar, A., Sarkar, S. and Agarwal, R.P.: Fixed pattern noise correction and implementation for infrared focal plane array based staring system using scene statistics. International Journal of Industrial and System Engineering (IJISE); Vol. 1; 2007; 36-43.

/2.1/ Williams, Th. L.: Thermal Imaging Cameras-Characteristics and Performance. CRC Press, Boca Raton, 2009.

/2.2/ Budzier, H., Gerlach, G.: Thermische Infrarotsensoren. Wiley-VCH, Weinheim, 2010.

/2.3/ P.W. Kruse; D.D. Skatrud: Uncooled Infrared Imaging Arrays and Systems. Semiconductors and Semimetals, Vol. 47; Academic Press; 1997.

/2.4/ Tissot, J.L. u.a.: High performance uncooled amorphous silicon VGA IRFPA with 17 µm pixel-pitch; Proc. of SPIE Vol. 7660; 2010; 76600T-1 – 7.

/2.5/ Firmenschrift ULIS: TEC-less operation of ULIS uncooled detectors. 2007.

/2.6/ Wassilew, D.: Persönliche Information. DIAS Infrared GmbH, Dresden, 2011.

/2.7/ Haferkorn, H.: Optik. Wiley-VCH; Weinheim, 2003.

/2.8/ Chuan Li, Han, C.J., Skidmore, G.D., Hess, C.: DRS uncooled VOx infrared detector development and production status. Proc. of SPIE Vol. 7660; 2010; 76600V1 - 76600V9.

/2.9/ Firmenschrift: Technical Data Package IDML07322-V3. Sofradir, Frankreich, 10.01.2001.

/2.10/ Firmenschrift: Data sheet UL 03 04 1. ULIS, Frankreich, 09.05.2006.

/2.11/ Firmenschrift: Data sheet UL 03 16 2. ULIS, Frankreich, 16.01.2009.

/2.12/ Ajmera, S., Brady, J., Hanson, C., Schimert, T., Syllaios, A.J., Taylor, M.: Performance improvement in amorphous silicon based uncooled microbolometer through pixel design and materials development. Proc. of SPIE Vol. 8012; 2011; 80121L1 – 80121L-8.

/2.13/ Weiler, D., Ruß, M., Würfel, D., Lerch, R., Yang, P., Bauer, J., Heß, J., Kropelnicki, P., Vogt, H.: Improvements of a digital 25µm pixel-pitch uncooled amorphous silicon TEC-less VGA IRFPA with massively parallel sigma-delta-ADC readout. Proc. of SPIE Vol. 8012; 2011; 80121F1 – 80121-F7.

/2.14/ Dumont, G., Rabaud, W., Baillin, X., Pornin, J.L., Carle, L., Goudon, V., Vialle, C., Pellat, M., Arnaud, A.: Pixel level packaging for uncooled IRFPA. Proc. of SPIE Vol. 8012; 2011; 80121I1 – 80121I-7.

/2.15/ Hanson, C.M. u.a.: Small pixel a-Si/a-SiGe bolometer focal plane array technology at L-3 Communications. Proc. of SPIE Vol. 7660; 2010; 76600R1 – 76600R8.

/2.16/ Chuan Li, Skidmore, G.D., Han, C.J.: DRS uncooled VOx infrared sensor development and application. Proc. of SPIE Vol. 8012; 2011; 8012N-1 – 8012N-8.

/2.17/ Talghader, J.J.: Beyond the black body radiation limit: High sensitivity thermal detectors. Proc. of SPIE Vol. 7660; 2010; 766011-1 – 766011-10.

/2.18/ Parrish, J.W.; Woolaway, J.T.: Improvements in uncooled system using bias equalization. Proc. of SPIE Vol. 3698; 1999; 748 – 755.

/2.19/ Chen, X.; Wu, K.: A new bias equalization for microbolometer array. IEEE Symposium on Photonics and Optoelectronics; 2010; 1 - 4.

/2.20/ Chen, X.; Li, J.: Signal-to-noise rate increasing methods for microbolometer infrared image sensor. IEEE International Conference on Electrical and Control Engineering (ICECE); 2011; 2550 – 2553.

/3.1/ Wolter, K.J.; Bieberle, M.; Budzier, H.; Gerlach, G.; Zerna, T.: Zerstörungsfreie Prüfung elektronischer Baugruppen mittels bildgebender Verfahren. Verlag Dr. Markus A. Detert, Templin, 2012.

/3.2/ Fiete, D.R.: Modeling the Imaging Chain of Digital Cameras. SPIE Press, Bellingham, 2010.

/3.3/ DIN1391-1: Grundbegriffe der Messtechnik. 1995-01.

/3.4/ Budzier, H.; Gerlach, G.: Thermische Infrarotsensoren. Wiley-VCH, Weinheim, 2010.

/3.5/ Firmenschrift: TEC-less Operation of ULIS Uncooled Detectors. ULIS, Frankreich, 2007.

/4.1/ Budzier, H., Gerlach, G.: Thermische Infrarotsensoren. Wiley-VCH; Weinheim; 2010.

/4.2/ DeWitt, D.P., Nutter, G.D.: Theory and Practice of Radiation Thermometry. Wiley; New York, 1989.

/4.3/ Palmer, J.M.; Grant, B.G.: The Art of Radiometry. SPIE Press; Bellingham; 2010.

/4.4/ Hopkinson, G.R.; Goodman, T.M.; Prince, S.R.: A Guide to the Use and Calibration of Detector Array Equipment. SPIE Press; Bellingham; 2004.

/4.5/ http://de.wikipedia.org/wiki/CameraLink, aufgerufen am 03.04.2013.

/5.1/ DeWitt, D.P., Nutter, G.D.: Theory and Practice of Radiation Thermometry. Wiley, New York, 1989

/7.1/ Schulz, M., Caldwell, L.: Nonuniformity correction and correctability of infrared focal plane arrays. Infrared Physics & Technology 36; 1995; 763-777.

/7.2/ Horny, N.: FPA camera standardization. Infrared Physics & Technology 44; 2003; 109-119.

/7.3/ Wallrabe, A.: Nachtsichttechnik. Vieweg; Braunschweig/Wiesbaden; 2001

/7.4/ Bevington, P.R., Robinson, D.K.: Data Reduction and Error Analysis for the Physical Sciences. McGraw-Hill; Boston; 1992.

/7.5/ Wang, R., Chen, P., Tsien, P.: An improved nonuniformity correction algorithm for focal plane arrays which is easy to implement. Infrared Physics & Technology 39; 1998; 15-21.

/7.6/ Firmenschrift: TEC-less Operation of ULIS Uncooled Detectors. ULIS; Frankreich, 2007.

/7.7/ Gränicher, H.: Messung beendet - was nun? Vdf Hochschulverlag an der ETH Zürich; 1996.

/8.1/ Datenblatt PICO640E-041 Revision 1. Firma ULIS (Frankreich); 20.10.2011.

/8.2/ Datenblatt UL 03 26 2. Firma ULIS (Frankreich); 08.10.2009.

/8.3/ Datenblatt UL 05 25 1 Revision 1. Firma ULIS (Frankreich); 29.05.2009.

/8.4/ Wolter, K.J.; Bieberle, M.; Budzier, H.; Gerlach, G.; Zerna, T.: Zerstörungsfreie Prüfung elektronischer Baugruppen mittels bildgebender Verfahren. Verlag Dr. Markus A. Detert, Templin, 2012.

/10.1/ Budzier, H.; Gerlach, G.: Thermische Infrarotsensoren. Wiley-VCH, Weinheim, 2010.

/10.2/ Horny, N.: FPA camera standardization. Infrared Physics & Technology 44, 2003, 109-119.

/10.3/ Ski, Y.; Zhang, T.; Cao, Z.; Hui, L.: A feasible approach for nonuniformity correction in IRFPA with nonlinear response. Infrared Physics & Technology 46, 2005, 329 -337.

/11.1/ Gerlach, G.: Verschlusslose thermische Infrarot-Sensorarraysysteme mit kleiner Messunsicherheit. DFG-Projekt GE 779/26-1; 2012-2015.

/A.1/ Bevington, P.R., Robinson, D.K.: Data Reduction and Error Analysis for the Physical Sciences. McGraw-Hill, Boston, 1992.

/A.2/ Gränicher, H.: Messung beendet - was nun? Vdf Hochschulverlag an der ETH Zürich, 1996.

/A.3/ Carosio, A.: Fehlertheorie und Ausgleichsrechnung, Band 1. ETH Zürich, Institut für Geodäsie und Photogrammetrie, Bericht 310, 2008.

/A.4/ Rencher, A.C.: Methods of Multivariate Analysis. Wiley-Interscience, 2002.

/A.5/ Neter, J.; Kutner, M. H.; Nachtsheim, C. J.; Wassermann. W.: Applied Linear Regression Models. McGraw-Hill, 1996.

13. Formelzeichen, Indizes und Abkürzungen

Formelzeichen

A	Fläche
D^*	spezifische Detektivität
C	Korrigierbarkeit
E	Bestrahlungsstärke
K	Kontrastumfang, Freiheitsgrad
L	Strahldichte
L'	differentielle Strahldichte
LF	Linearitätsfaktor
M	Pixelanzahl in x-Richtung, Spaltenanzahl
N	Pixelanzahl in y-Richtung, Zeilenanzahl, Anzahl
NL	Nichtlinearität
R	Empfindlichkeit
T	absolute Temperatur
U	Spannung
U_D	Grauwert
U_R	Rauschwert
e	EULERsche Zahl
f	Frequenz
f'	Brennweite
k	Blendenzahl
m	Pixelnummer in x-Richtung, Spaltennummer, Median
n	Pixelnummer in y-Richtung, Zeilennummer

r	Radius, Abstand
Δ	Differenz
Φ	Strahlungsfluss
α	Absorption
χ^2	Chi-Quadrat-Wert
ϑ	Temperatur in °C
λ	Wellenlänge
μ	Mittelwert
π	Kreiszahl
σ	Standardabweichung
τ	Transmission
ω_1	reduzierter Raumwinkel

Indizes

0	Mitte
korr	korrigierter Wert
m	Spaltennummer
n	Zeilennummer
norm	Normkennline
A	Abweichung
C	Chip, Sensor
B	Bild
D	digital, digitaler Grauwert
G	Gesamt, Gehäuse
HR	Halbraum
K	Kamera
O	Objekt, Optik
P	Pixel, PLANCK-Regression
Q	quadratische Regression
R	Rausch-
S	System
Sh	Shutter
T	Temperatur
TO	Objekttemperatur
V	Spannung
λ	spektral, Wellenlänge

Abkürzungen

a-Si amorphes Silizium

ADU Analog-Digital-Wandler

DB Dynamikbereich

DC Gleichstrom (Direct Current)

FOV Öffnungswinkel (Field of View)

IF Interface

IRFPA Infrarot-Sensorarray (Infrared Focal Plane Array)

LSB Quantisierungsstufe eines ADUs (Least Significant Bit)

NEP Rauschäquivalente Leistung (Noise-equivalent Power)

NETD kleinste auflösbare Temperaturdifferenz (Noise-equivalent Temperature Difference)

ROI Bereich (Region of Interest)

ROIC Integrierter Ausleseschaltkreis
(Read-out Integrated Circuit)

SiTF Signalübertragungsfunktion (Signal Transfer Function)

TEC Thermoelektrischer Kühler (Thermo-Electric Cooler)

VGA Videoformat mit 640 x 480 Pixel

VO_x Vanadiumoxid

XGA Videoformat mit 1024 x 768 Pixel

Anhang A1. Ausgleichsrechnung

A1.1. Einfache lineare Regression

Die lineare Regressions- bzw. Ausgleichsrechnung bestimmt mit der Methode des kleinsten Fehlerquadrats die linearen Parameter a_k eines überbestimmten Gleichungssystems /A.1/:

$$y(x_i) = \sum_{k=1}^{m} a_k f_k(x_i) . \tag{A1.1}$$

Die Funktion $f_k(x_i)$ kann beliebig sein, z.B. $f_k(x_i) = x_k$ oder $f_k(x_i) = x_i^k$. Die Lösung wird mit Hilfe der GAUßschen Normalengleichung in Matrixform berechnet. Das hat den Vorteil, dass neben den Parametern a_k auch deren Varianzen σ_{ak}^2 bestimmt werden.

Zunächst muss die Fehlergleichung aufgestellt werden:

$$\mathbf{XA} - \mathbf{Y} = \boldsymbol{\sigma} . \tag{A1.2}$$

Mit den Vektoren

$$\mathbf{Y} = \begin{pmatrix} y_1 \\ y_2 \\ \ldots \\ y_i \\ \ldots \end{pmatrix}, \tag{A1.3}$$

$$\mathbf{A} = \begin{pmatrix} a_1 \\ a_2 \\ \ldots \\ a_i \\ \ldots \end{pmatrix}, \tag{A1.4}$$

$$\boldsymbol{\sigma} = \begin{pmatrix} \sigma_1 \\ \sigma_2 \\ \ldots \\ \sigma_i \\ \ldots \end{pmatrix}, \tag{A1.5}$$

der Matrix

$$\mathbf{X} = \begin{pmatrix} x_{11} & x_{12} & x_{13} & \dots & \dots \\ x_{21} & x_{22} & x_{23} & \dots & \dots \\ \dots & \dots & \dots & \dots & \dots \\ x_{i1} & x_{i2} & x_{i3} & \dots & \dots \\ \dots & \dots & \dots & \dots & \dots \end{pmatrix} \qquad \text{(A1.6)}$$

und dem Index $i = 1, 2, \dots I$.

Der Fehlervektor $\boldsymbol{\sigma}$ beinhaltet die Messabweichungen der einzelnen statistisch unabhängigen Messungen. Im Folgenden soll angenommen werden, dass bei allen Messungen die gleiche Messabweichung, nämlich die Varianz σ^2, auftritt:

$$\sigma^2 = \sigma_1^2 = \sigma_2^2 = \sigma_i^2 = \dots \qquad \text{(A1.7)}$$

Die Koeffizienten a_1, a_2, a_3… werden nun nach dem Prinzip der kleinsten Fehlerquadrate bestimmt. Das bedeutet, dass Gl. (A1.2) partiell nach jeder Unbekannten differenziert und anschließend Null gesetzt wird. Das Resultat ist die Normalengleichung /A.1/:

$$\mathbf{X}^T\mathbf{X}\mathbf{A} - \mathbf{X}^T\mathbf{Y} = 0\,. \qquad \text{(A1.8)}$$

Durch Umstellen erhält man daraus das Ergebnis:

$$\mathbf{A} = \left(\mathbf{X}^T\mathbf{X}\right)^{-1}\mathbf{X}^T\mathbf{Y}\,. \qquad \text{(A1.9)}$$

Die Kehrmatrix $\left(\mathbf{X}^\mathrm{T}\mathbf{X}\right)^{-1}$ enthält die Varianzen (Werte in der Diagonale) und die Kovarianzen der Polynomkoeffizienten. Die Varianzmatrix $\mathbf{V}$ ist also

$$\mathbf{V} = \left(\mathbf{X}^T\mathbf{X}\right)^{-1}\frac{\sigma^2}{I-K} \qquad \text{(A1.10)}$$

mit der Anzahl der Messungen I und dem Freiheitsgrad K. Die Varianzmatrix $\mathbf{V}$ ist symmetrisch.

Für eine einfache lineare Regression mit der Geradengleichung

$$y_i = \begin{pmatrix} x_i & 1 \end{pmatrix}\begin{pmatrix} a \\ b \end{pmatrix} \qquad \text{(A1.11)}$$

und I Wertepaaren ergeben sich nach /A.1/ für den Anstieg a

$$a = \frac{1}{\det(\mathbf{x})}\begin{vmatrix} I & \sum_{i=1}^{I} y_i \\ \sum_{i=1}^{I} x_i & \sum_{i=1}^{I} x_i y_i \end{vmatrix} = \frac{1}{\det(\mathbf{x})}\left(I\sum_{i=1}^{I} x_i y_i - \sum_{i=1}^{I} x_i \sum_{i=1}^{I} y_i\right), \qquad \text{(A1.12)}$$

und für den Achsenabschnitt b

$$b=\frac{1}{\det(\mathbf{x})}\begin{vmatrix}\sum_{i=1}^{I}y_i & \sum_{i=1}^{I}x_i\\ \sum_{i=1}^{I}x_iy_i & \sum_{i=1}^{I}x_i^2\end{vmatrix}=\frac{1}{\det(\mathbf{x})}\left(\sum_{i=1}^{I}x_i^2\sum_{i=1}^{I}y_i-\sum_{i=1}^{I}x_i\sum_{i=1}^{I}x_iy_i\right) \tag{A1.13}$$

mit der Determinante

$$\det(\mathbf{x})=\begin{vmatrix}I & \sum_{i=1}^{I}x_i\\ \sum_{i=1}^{I}x_i & \sum_{i=1}^{I}x_i^2\end{vmatrix}=I\sum_{i=1}^{I}x_i^2-\left(\sum_{i=1}^{I}x_i\right)^2. \tag{A1.14}$$

Für die Varianz σ_a^2 des Anstieges gilt:

$$\sigma_a=\frac{\sigma^2}{\det(\mathbf{x})}\sum_{i=1}^{I}x_i^2\,, \tag{A1.15}$$

die Varianz σ_b^2 des Achsenabschnitts ist:

$$\sigma_b^2=I\frac{\sigma^2}{\det(\mathbf{x})} \tag{A1.16}$$

und die Kovarianz *Co* lautet:

$$Co=-\frac{\sigma^2}{\det(\mathbf{x})}\sum_{i=1}^{I}x_i \tag{A1.17}$$

Die Varianz eines beliebigen Wertes der Ausgleichsgeraden ist dann:

$$\sigma_y^2=\sigma_a^2x^2+\sigma_b^2+2Cox\,. \tag{A1.18}$$

Die Regressionsgerade geht immer durch den Schwerpunkt:

$$\begin{pmatrix}x_S\\ y_S\end{pmatrix}=\begin{pmatrix}\overline{x}\\ \overline{y}\end{pmatrix}=\begin{pmatrix}\frac{1}{I}\sum_{i=1}^{I}x_i\\ \frac{1}{I}\sum_{i=1}^{I}y_i\end{pmatrix}. \tag{A1.19}$$

Anhand des Beispiels eines einfachen linearen Zusammenhanges nach Gl. (A1.11) mit zwei Messpunkten ($I = 2$) soll obige Rechnung veranschaulicht werden.

Gesucht sind der Anstieg a und der Achsenabschnitt b einer Gerade. Bei zwei Messpunkten (x_1, y_1) und (x_2, y_2) lauten die Vektoren

$$\mathbf{Y} = \begin{pmatrix} y_1 \\ y_2 \end{pmatrix}, \tag{A1.20}$$

$$\mathbf{A} = \begin{pmatrix} a \\ b \end{pmatrix} \tag{A1.21}$$

und die Matrix

$$\mathbf{X} = \begin{pmatrix} x_1 & 1 \\ x_2 & 1 \end{pmatrix}. \tag{A1.22}$$

Dis Lösung des Gleichungssystems

$$\mathbf{Y} = \mathbf{XA} \tag{A1.23}$$

ist nun

$$\mathbf{A} = \left(\mathbf{X}^T\mathbf{X}\right)^{-1} \mathbf{X}^T\mathbf{Y}. \tag{A1.24}$$

Mit der Zwischenlösung

$$\left(\mathbf{X}^T\mathbf{X}\right)^{-1} \mathbf{X}^T = \frac{1}{\left(x_1 - x_2\right)^2} \begin{pmatrix} x_1 - x_2 & x_2 - x_1 \\ x_2^2 - x_1 x_2 & x_1^2 - x_1 x_2 \end{pmatrix} \tag{A1.25}$$

ergeben sich die bekannten Gleichungen für den Anstieg

$$a = \frac{y_1 - y_2}{x_1 - x_2} \tag{A1.26}$$

und den Achsenabschnitt

$$b = \frac{x_1 y_2 - x_2 y_1}{x_1 - x_2}. \tag{A1.27}$$

Aus der Gl. (A1.10) berechnet sich auch die Varianzmatrix:

$$\mathbf{V} = \left(\mathbf{X}^T\mathbf{X}\right)^{-1} \sigma^2 = \frac{\sigma^2}{\left(x_1 - x_2\right)^2} \begin{pmatrix} 2 & -\left(x_1 + x_2\right) \\ -\left(x_1 + x_2\right) & x_1^2 + x_2^2 \end{pmatrix}. \tag{A1.28}$$

Die Varianz des Anstiegs ist demnach

$$\sigma_a^2 = \frac{2}{\left(x_1 - x_2\right)^2} \sigma^2 \tag{A1.29}$$

und die des Achsenabschnittes ist

$$\sigma_b^2 = \frac{x_1^2 + x_2^2}{\left(x_1 - x_2\right)^2}\sigma^2 . \tag{A1.30}$$

Für die Kovarianz ergibt sich

$$Co_{ab} = Co_{ba} = -\frac{x_1 + x_2}{\left(x_1 - x_2\right)^2}\sigma^2 = -\sigma_a^2 \frac{x_1 + x_2}{2} . \tag{A1.31}$$

In einem Schwertpunktsystem $\left(x_S = 0, y_S = 0\right)$ verschwindet die Kovarianz ($x_1 = -x_2$). Die Varianz σ_y^2 eines beliebigen Wertes *y*, berechnet mit Ausgleichgerade, ist:

$$\sigma_y^2 = \sigma_a^2 x^2 + \sigma_b^2 + 2Co_{ab}x . \tag{A1.32}$$

A1.2. Bivariate lineare Regression

Bisher wurde immer ein Ausgleich bezüglich der y-Werte durchgeführt (Regression von y auf x), d.h. die Regressionsgerade verläuft so, dass die Abstände der Messpunkte in y-Richtung zur Regressionsgeraden minimal werden (Bild A2.1a). Es gilt die Annahme, dass die Messabweichung der x-Werte zu vernachlässigen ist.

Die x-Werte können jedoch ebenso fehlerbehaftet sein. Wenn die Messabweichung der y-Werte zu vernachlässigen ist, kann eine Regression von x auf y durchgeführt werden (Bild A1.2.1b). Wendet man beide Regressionen auf dieselben Datensätze an, ergeben sich unterschiedliche Regressionsgraden, die aber immer durch den Schwerpunkt verlaufen (Gl. A1.19). Die Berechnung der Regressionsgeraden, bezogen auf die x-Werte, erfolgt durch eine Vertauschung der x- und y-Werte in den Gleichungen des Abschnitts A1.1.

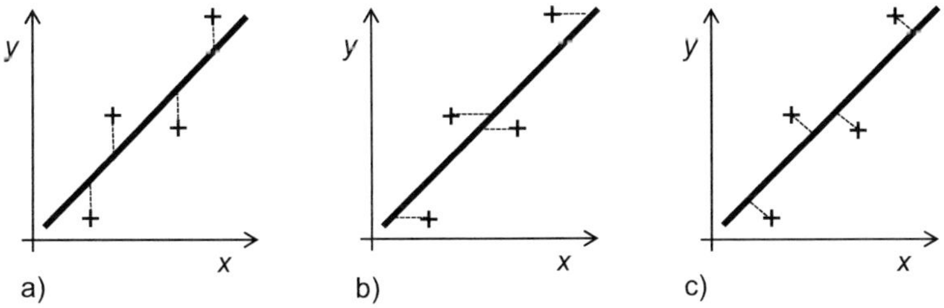

Bild A1.2.1: Regression a) bezüglich y, b) bezüglich x und c) bezüglich der Hauptachse; Mit Hilfe der Ausgleichsrechnung werden die Distanzen (gepunktete Linien) zur Ausgleichgeraden (fette Linie) minimiert bzw. ausgeglichen[3].

Sind sowohl x- als auch y-Werte fehlerbehaftet, muss die Abweichung senkrecht zur Regressionsgeraden minimiert werden (Bild A1.2.1c). Man spricht dann von einer bivariaten Regression. Eine Vertauschung der Achsen ändert an der Regressionsgeraden nichts. Sie geht ebenfalls durch den Schwerpunkt der Punktwolke.

Setzt man voraus, dass beide Messwerte x und y normalverteilt sind, beschreibt die bivariate Normalverteilung die Wahrscheinlichkeitsdichte $p(x, y)$ eines Messpunktes:

$$p(x,y)=\frac{1}{2\pi\sqrt{\det(\mathbf{V})}}\exp\left(-\frac{1}{2}\begin{pmatrix}x-\bar{x} & y-\bar{y}\end{pmatrix}\mathbf{V}^{-1}\begin{pmatrix}x-\bar{x} & y-\bar{y}\end{pmatrix}^{T}\right) \qquad \text{(A1.33)}$$

mit der Varianzmatrix $\mathbf{V}$:

$$\mathbf{V}=\begin{pmatrix}\sigma_x^2 & Co_{xy}\\ Co_{xy} & \sigma_y^2\end{pmatrix} \qquad \text{(A1.34)}$$

bzw. der inversen Varianzmatrix:

[3] daher der Name Ausgleichsrechnung

$$\mathbf{V}^{-1} = \frac{1}{\det(\mathbf{V})}\begin{pmatrix} \sigma_y^2 & -Co_{xy} \\ -Co_{xy} & \sigma_x^2 \end{pmatrix} \tag{A1.35}$$

und der Determinante:

$$\det(\mathbf{V}) = \sigma_x^2\sigma_y^2 - (Co_{xy})^2. \tag{A1.36}$$

Für die Kovarianz Co_{xy} gilt:

$$Co_{xy} = \frac{1}{I}\sum_{i=1}^{I}\left(x_i y_i - \overline{x}\,\overline{y}\right). \tag{A1.37}$$

Im Bild A1.2.2a ist die bivariate Normalverteilung für einen fiktiven Messpunkt dargestellt. In einem Messdiagramm wird als Vertrauensbereich eine Varianzellipse eingetragen (Bild A1.2.2b)[4]. Diese Varianzellipse entspricht einer Höhenliniedarstellung der dreidimensionalen Glockenkurve. Tabelle A1.2.1 zeigt im Vergleich zur eindimensionalen Normalverteilung die Wahrscheinlichkeit, mit der ein Messwert in der Varianzellipse liegt. Um zu eindimensionalen Berechnungen vergleichbare Abweichungen in einem Diagramm darstellen zu können, wird die Varianzellipse oft vergrößert gezeichnet, z.B. um den Faktor k = 2…3. Die Halbachsen werden dabei mit dem Faktor k multipliziert. Die Neigung bzw. die Richtung der Ellipse bleibt erhalten.

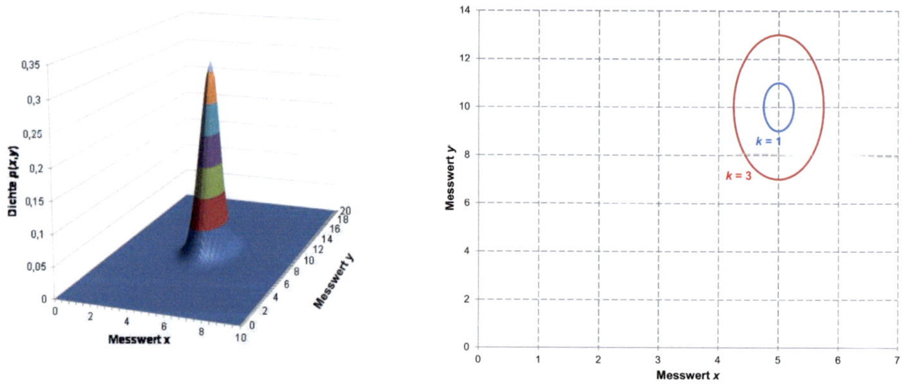

Bild A1.2.2: Bivariate Normalverteilung eines Messpunktes: a) dreidimensionale Darstellung und b) Varianzellipse; $\overline{x}=5; \overline{y}=10; \sigma_x=0{,}5; \sigma_y=1{,}0$. Parameter in b): Vergrößerungsfaktor k der Varianzellipse.

Die Gleichung der Varianzellipse lautet:

[4] Alternativ kann auch ein Varianzkreuz verwendet werden. Die Hauptachsen der Ellipse geben dann die Größe der Abweichungen an.

$$\begin{pmatrix} x-\bar{x} & y-\bar{y} \end{pmatrix} \mathbf{V}^{-1} \begin{pmatrix} x-\bar{x} \\ y-\bar{y} \end{pmatrix} = 1, \tag{A1.38}$$

was der allgemeinen Ellipsengleichung in Matrixform entspricht. Zur Berechnung der Varianzellipse muss also die inverse Varianzmatrix nach Gl. (A1.35) kalkuliert werden.

Tabelle A1.2.1: Wahrscheinlichkeit, dass sich ein Messwert im Intervall $\pm k\sigma$ der eindimensionalen Normalverteilung bzw. in der um den Faktor *k* vergrößerten Varianzellipse der bivariaten Normalverteilung befindet.

Faktor *k*	Eindimensionale Normalverteilung	Bivariate Normalverteilung
0,6756	0,5000	0,2040
1	0,6827	0,3935
1,177		0,5000
1,96	0,9500	0,8535
2	0,9545	0,8647
2,4477		0,9500
2,576	0,9900	0,9638
3	0,9973	0,9889
3,0349		0,9900

Für ausführliche Erläuterungen der bivariaten Regression sei auf die Literatur verwiesen /A.1 bis A.5/. Durch die Matrixschreibweise lässt sich die Rechnung einfach auf mehrere Variable und beliebig viele Messpunkte erweitern.

Bild A1.2.3 zeigt für das Beispiel der Shutterkennlinie in Abschnitt 9 (Bild 9.1 und Tabelle 9.2) die Varianzellipsen der drei Messpunkte. Die Neigung der Ellipsen hängt im Wesentlichen von der Kovarianz ab. Der Schwerpunkt der Daten im Punkt (x_s, y_s) liegt auf der Regressionsgeraden. Für die Berechnung des Anstieges der Regressionsgeraden gilt:

$$a = \frac{Co_{xy}}{\sigma_x^2}. \tag{A1.39}$$

Die Varianz σ_x^2 und die Kovarianz Co_{xy} müssen aus allen Messpunkten berechnet werden:

$$\sigma_x^2 = \frac{1}{I}\sum_{i=1}^{I}\left(x_i - \bar{x}\right)^2, \tag{A1.40}$$

$$Co_{xy} = \frac{1}{I}\sum_{i=1}^{I}\left(x_i y_i - \bar{x}\,\bar{y}\right). \tag{A1.41}$$

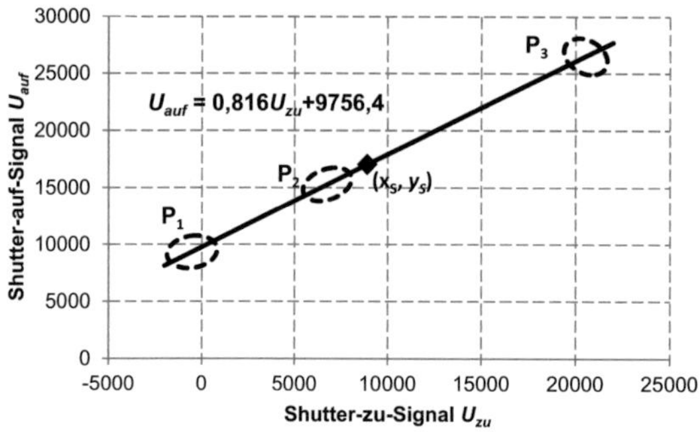

Bild A1.2.3: Shutterkennlinie des Mikrobolometers X5845005 mit den um den Faktor k =10 vergrößerten Varianzellipsen der Punkte P1, P2 und P3, dem Schwerpunkt (x_s, y_s) und der Regressionsgeraden (schwarze Linie und Formel).

Ist der Anstieg der Regressionsgeraden bekannt, lässt sich unter Zuhilfenahme des Schwerpunktes der Achsenabschnitt berechnen:

$$b = y_S - a x_S \,. \tag{A1.43}$$

Die Abweichung wird durch die kleine Hauptachse der mittleren Varianzellipse bestimmt. Für die Hauptachsen $h_{1,2}$ gilt:

$$h_{1,2} = \lambda_{1,2} \tag{A1.44}$$

mit den Eigenwerten $\lambda_{1,2}$ der Varianzmatrix

$$\lambda_{1,2} = \frac{1}{2}\left(\sigma_x^2 + \sigma_y^2\right) \pm \sqrt{\left[\frac{1}{2}\left(\sigma_x^2 - \sigma_y^2\right)\right]^2 + \left(Co_{xy}\right)^2} \,. \tag{A1.45}$$

Der Neigungswinkel der mittleren Varianzellipse beträgt:

$$\varphi = \frac{1}{2}\arctan\left(-\frac{2Co_{xy}}{\sigma_x^2 - \sigma_y^2}\right). \tag{A1.46}$$

Die Richtung der Varianzellipse muss nicht mit dem Anstieg der Regressionsgeraden übereinstimmen, d.h. die große Hauptachse der Varianzellipse muss nicht auf der Regressionsgeraden liegen. Die Varianz in x- bzw. y-Richtung ergibt sich dann aus der kleinen Hauptachse:

$$\sigma_x^2 = h_2 \cos\varphi \,, \tag{A1.47}$$

$$\sigma_y^2 = h_2 \sin\varphi \,. \tag{A1.48}$$

Die Punktvarianz $\sigma_P^{\,2}$ ist dann:

$$\sigma_P^2 = \sigma_x^2 + \sigma_y^2 \; . \qquad \text{(A1.49)}$$

In Tabelle A1.2.2 sind die Rechenergebnisse für das Beispiel in Bild A1.2.3 zusammengefasst.

Tabelle A1.2.2: Berechnete Werte der Varianzellipsen im Bild A1.2.3.

Parameter	Punkt P1	Punkt P2	Punkt P3	Mittlere Varianz-ellipse
h_1	204,4	216,3	272,9	190321785
h_2	182,1	170,1	113,5	60,1
φ	85,6°	80,4°	-69,8°	50,8°
σ_x^2	15,5	16,1	94,1	38,0
σ_y^2	181,2	167,8	106,5	46,6

Vergleicht man die Ergebnisse mit denen der Regression bezüglich der y-Achse (Abschnitt 9), stellt man keine Unterschiede in der Berechnung der Regressionsgeraden fest (Gln. (A1.39) und (A1.43) entsprechen den Gln. (A1.26) und (A1.27)). Die Punktvarianz beträgt 84,6 und ist unabhängig vom Messwert.

Man erhält also mit der bivariaten Regression Ausgleichgeraden, die eine geringere Abweichung aufweisen als mit einer Regression bezüglich einer Koordinatenachse.

Natürlich ersetzt dieses Beispiel keinen statistischen Test. Da die Regression aber auf einem physikalisch basierten Modell beruht, nämlich dem linearen Zusammenhang zwischen den Spannungen U_{zu} und U_{auf} und ein sehr großer Signal-Rausch-Abstand existiert, bedarf es keiner weiteren Untersuchungen.